Matemática para o Ensino Fundamental

Caderno de Atividades
8º ano
volume 4

1ª Edição

Manoel Benedito Rodrigues

Carlos Nely C. de Oliveira

Mário Abbondati

São Paulo
2020

Digitação, Diagramação : Sueli Cardoso dos Santos - suly.santos@gmail.com
Elizabeth Miranda da Silva - elizabeth.ms2015@gmail.com

www.editorapolicarpo.com.br
contato: contato@editorapolicarpo.com.br

Dados Internacionais de Catalogação, na Publicação (CIP)

(Câmara Brasileira do Livro, SP, Brasil)

Rodrigues, Manoel Benedito. Oliveira, Carlos Nely C. de.
Abbondati, Mário

Matématica / Manoel Benedito Rodrigues. Carlos Nely C. de Oliveira.
Mário Abbondati
- São Paulo: Editora Policarpo, **1ª Ed. - 2020**
ISBN: 978-85-7237-015-8
1. Matemática 2. Ensino fundamental
I. Rodrigues, Manoel Benedito II. Título.

Índices para catálogo sistemático:

EDITORA POLICARPO LTDA
Rua Dr. Rafael de Barros, 175 - Conj. 01
São Paulo - SP - CEP: 04003-041
Tel./Fax: (11) 3288 - 0895
Tel.: (11) 3284 - 8916

Índice

I CIRCUNFERÊNCIA

A) Definição:

Dados um ponto **O** e um distância **r** , chama-se **circunferência de centro O e raio r** o conjunto dos pontos do plano cuja distância até **O** é igual a **r**.

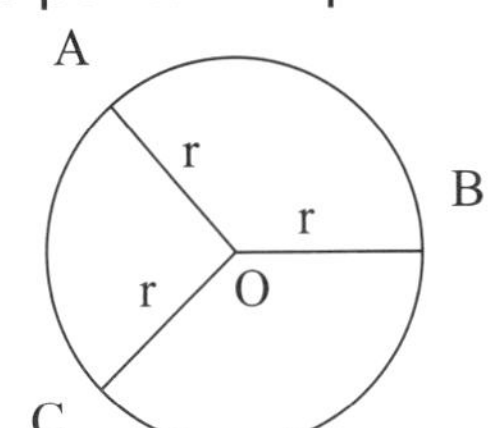

A, B e C são pontos da circunferência de centro **O** e raio **r**.

B) Região interna e região externa

Definição: dada uma circunferência de centro **O** e raio **r**, chama-se **região interna** da circunferência o conjunto dos pontos do plano cuja distância até **O** é menor do que **r** . O conjunto dos pontos cuja distância até **O** é maior que **r** é chamado de **região externa**.

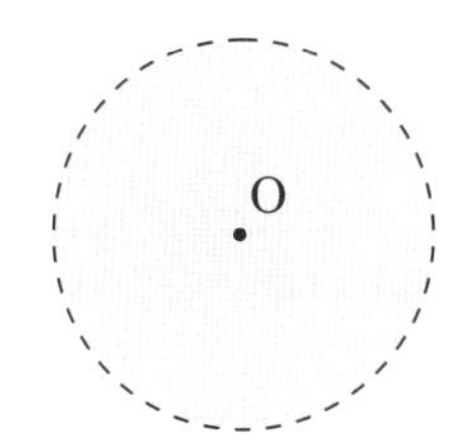

Região interna

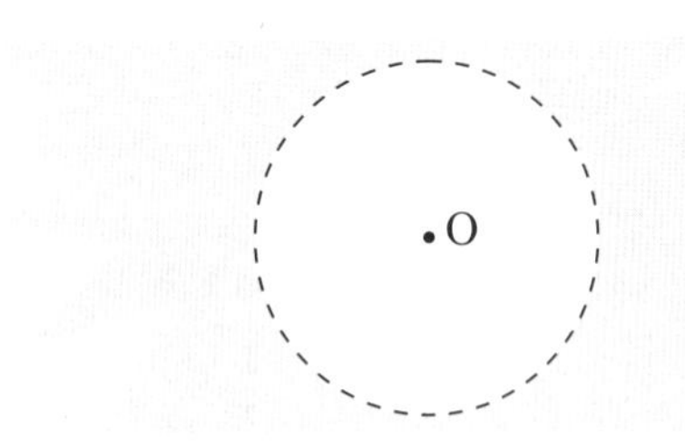

Região externa

C) Elementos

Corda: segmento cujos extremos pertencem a circunferência. Ex: $\overline{AB}$

Diâmetro: uma corda que passa pelo centro. Ex: $\overline{CD}$

Tangente: uma reta que tem um único ponto em comum com a circunferência. T é o ponto de tangência da reta tangente t com a circunferência. Os outros pontos de **t** são externos à circunferência.

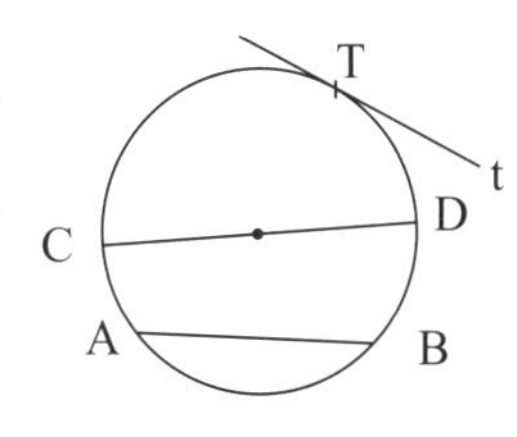

D) Teoremas

T1 Toda reta tangente a uma circunferência é perpendicular ao raio no ponto de tangência.

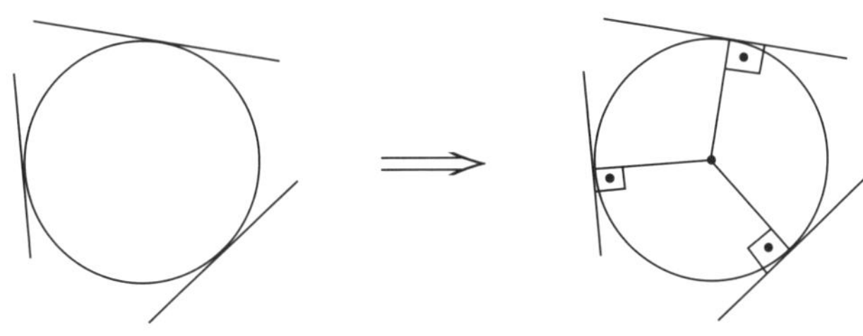

Demonstração: suponhamos, por absurdo que OT não fosse perpendicular a t . Então existe $A \in t$, tal que $\overline{OA} \perp t$.

E existe T' tal que $\overline{OA}$ é mediatriz de $\overline{TT'}$.

Logo, OT' = OT = r.

E então T' pertence a **t** e a circunferência.

Mas isto é absurdo, pois contradiz a hipótese de que **t** é tangente à circunferência. Portanto $\overline{OT} \perp t$.

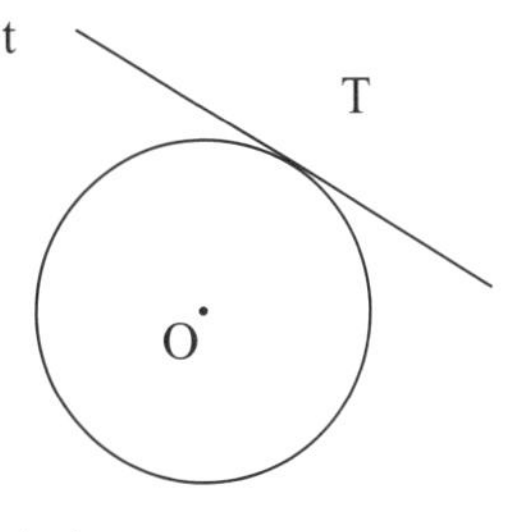

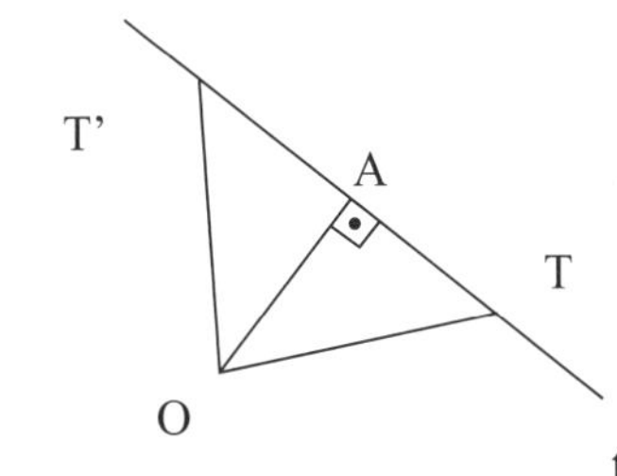

T2 Se $\overline{PA}$ e $\overline{PB}$ são segmentos contidos em semi-retas de origem P e tangentes a uma mesma circunferência nos pontos A e B, então PA = PB.

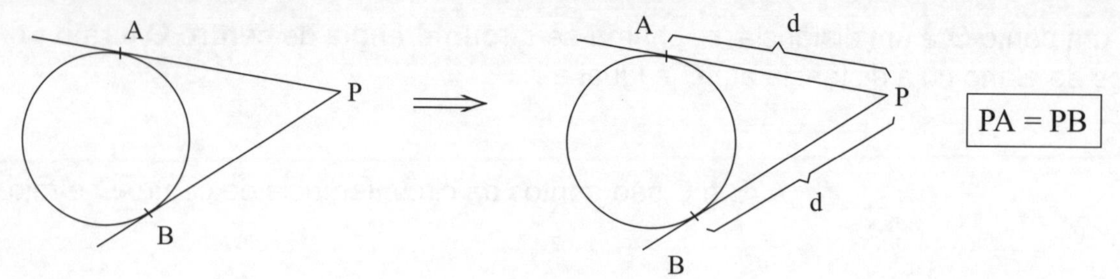

Demonstração: basta considerar a congruência (caso cateto-hipotenusa) entre os triângulos POA e POB.

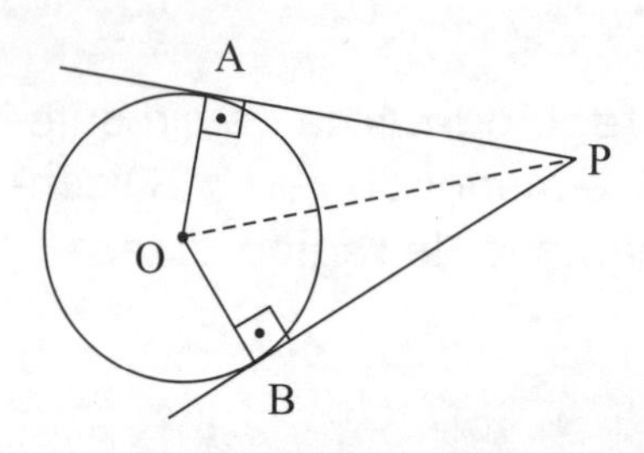

T3 Se uma reta passa pelo centro de uma circunferência e é perpendicular a uma corda dessa circunferência, então essa reta é mediatriz da corda.

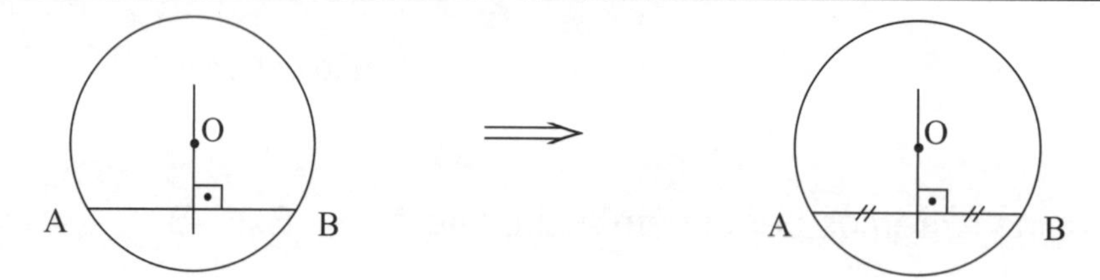

Demonstração:

$$\left.\begin{matrix} OA = OB\,(\text{raios}) \\ OM \text{ é comum} \end{matrix}\right\} \xrightarrow{\text{cat}-\text{hip}} \Delta OAM \equiv \Delta OBM \Rightarrow AM = MB$$

T4 Se uma reta passa pelo centro de uma circunferência e pelo ponto médio de uma corda dessa circunferência, então essa reta é mediatriz da corda.

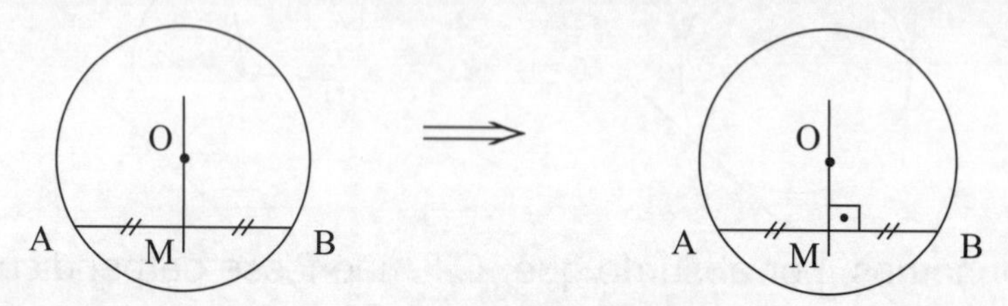

Demonstração: segue da congruência (LLL) entre os triângulos OMA e OMB.

T5 A mediatriz de uma corda passa pelo centro da circunferência correspondente.

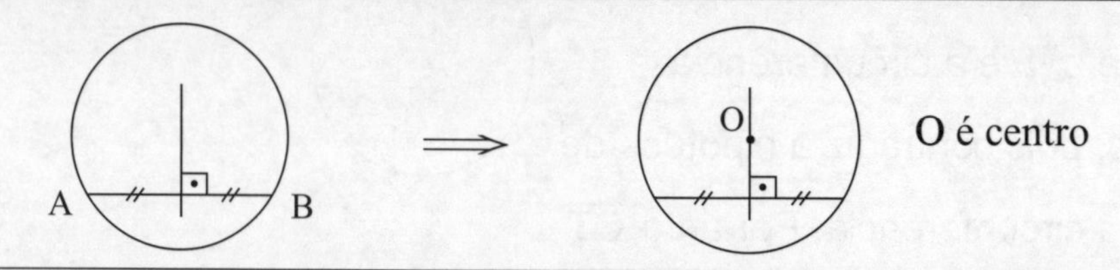

Demonstração: seja **O** o centro da circunferência e AB uma corda dessa circunferência. Como $OA = OB$, **O** pertence ao lugar geométrico dos pontos que equidistam de A e B. Isto é, **O** pertence à mediatriz de $\overline{AB}$.

T6 Se um quadrilátero convexo é circunscritível (admite uma circunferência que tangencia cada um de seus lados), então a soma de dois lados opostos é igual à soma dos outros dois.

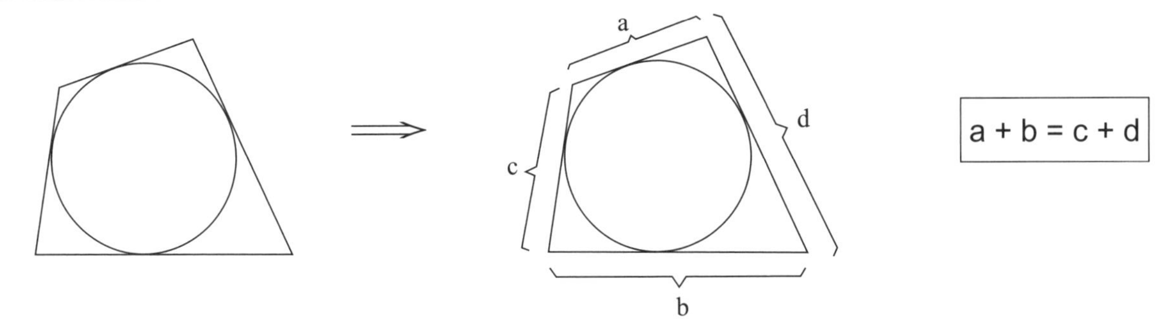

Demonstração:

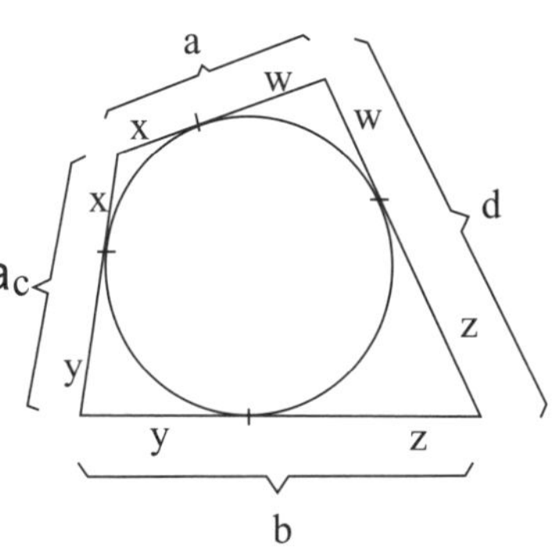

De acordo com o teorema **T2** tem-se os segmentos de mesma medida traçados a partir dos vértices como indicados na figura.

Então:

$a + b = x + w + y + z = (x + y) + (z + w) = c + d$

T7 Se as somas dos lados opostos de um quadrilátero são iguais, então ele é circunscritível.

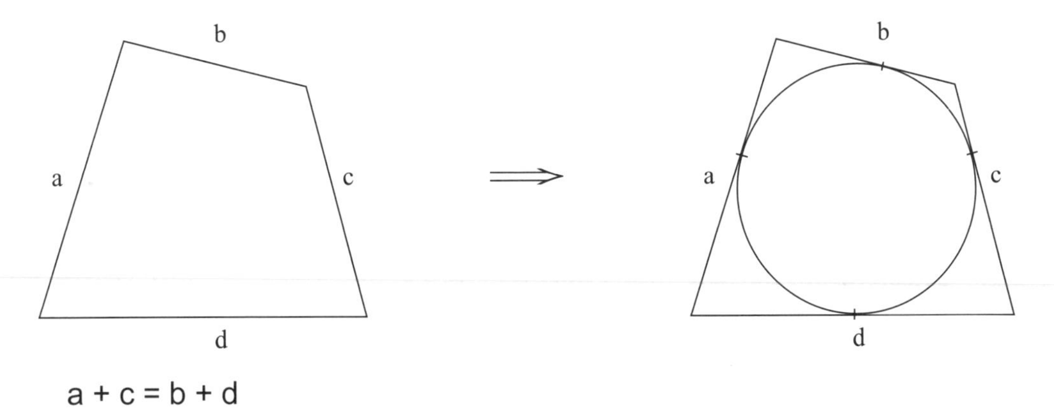

$a + c = b + d$

Demonstração:

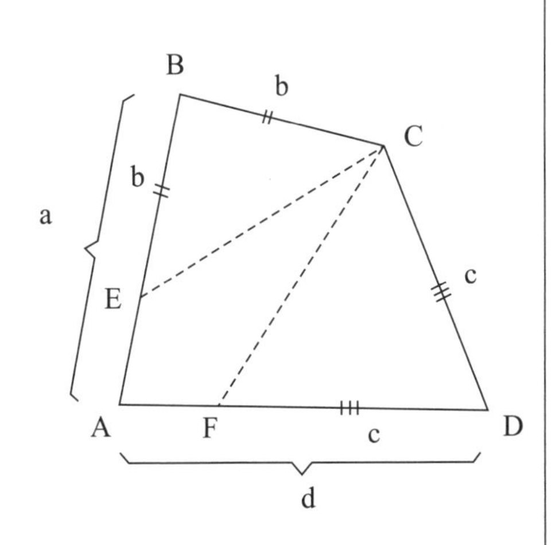

Seja ABCD um quadrilátero tal que

$a + c = b + d$ (vide figura)

Suponhamos $a > b$. Então, obrigatoriamente, teremos $c < d$.

Seja **E** em $\overline{AB}$ tal que $BE = b$

Seja **F** em $\overline{AD}$ tal que que $FD = c$

Logo, Δ BCE e ΔCDF são isósceles.

Se $a + c = b + d$, então
$a - b = d - c$.
Portanto, ΔAEF é isósceles.

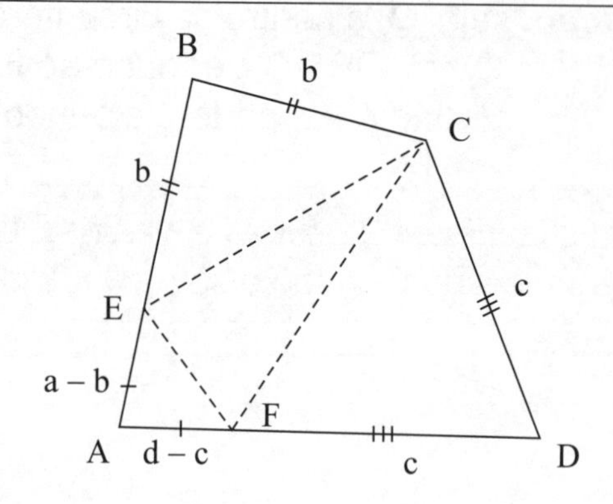

As bissetrizes dos vértices dos triângulos isósceles são perpendiculares às bases.
Portanto, são mediatrizes do Δ CEF.
E as mediatrizes de qualquer triângulo são concorrentes num único ponto que, no ΔCEF, indicaremos por **O**.
Seja $d(O, \overline{AB})$ a distância entre **O** e $\overline{AB}$.
Temos:

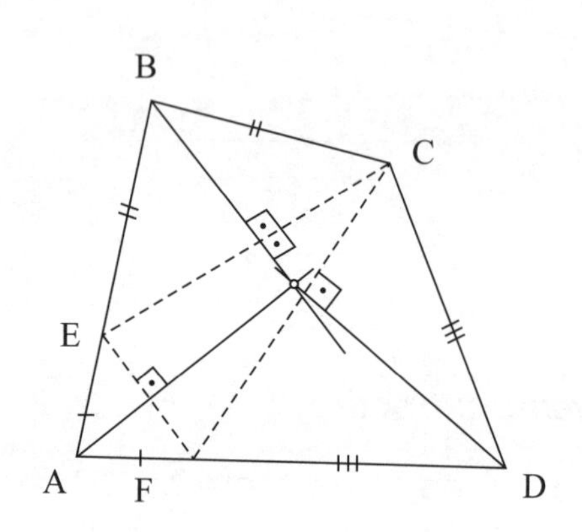

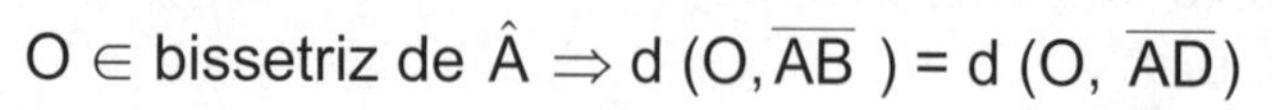

$O \in$ bissetriz de $\hat{A} \Rightarrow d(O, \overline{AB}) = d(O, \overline{AD})$

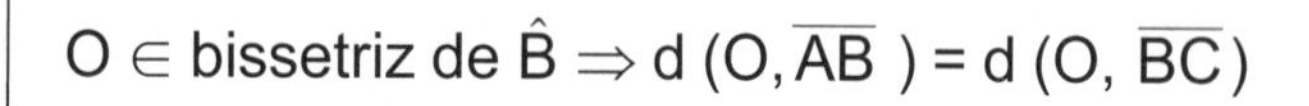

$O \in$ bissetriz de $\hat{B} \Rightarrow d(O, \overline{AB}) = d(O, \overline{BC})$

$O \in$ bissetriz de $\hat{D} \Rightarrow d(O, \overline{AD}) = d(O, \overline{CD})$

Daí, $d(O, \overline{AB}) = d(O, \overline{BC}) = d(O, \overline{CD}) = d(O, \overline{AD})$

Portanto, **O** é centro da circunferência inscrita no quadrilátero ABCD.

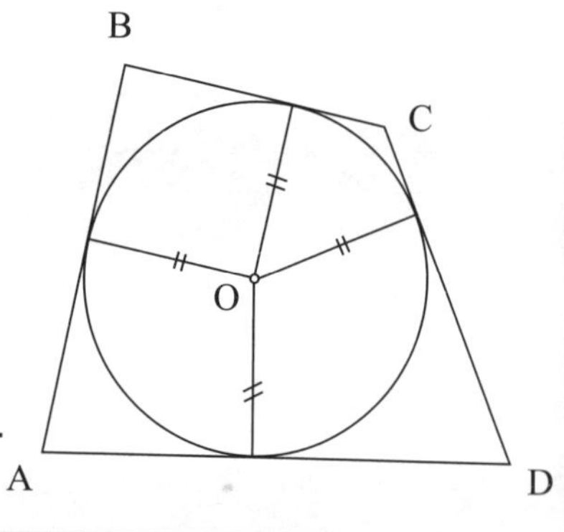

T8 Se duas circunferências são tangentes (interna ou externamente), então os centros e o ponto de tangência são colineares (pertencem a uma mesma reta).

a.

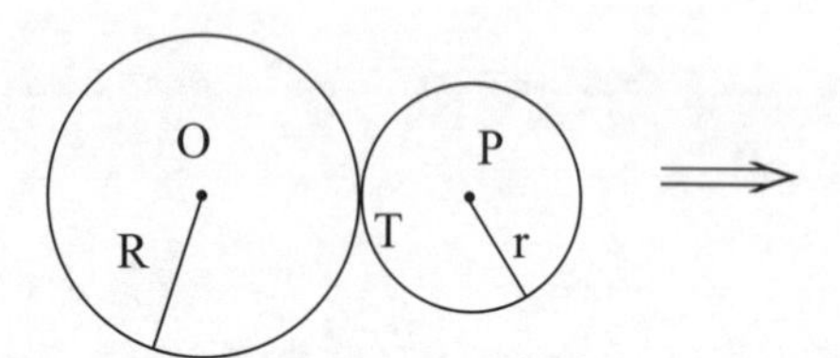

$\Longrightarrow$

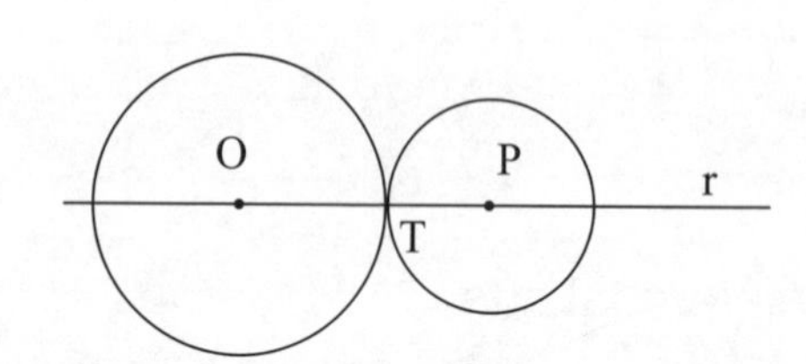

$O, P, T \in r$

b.

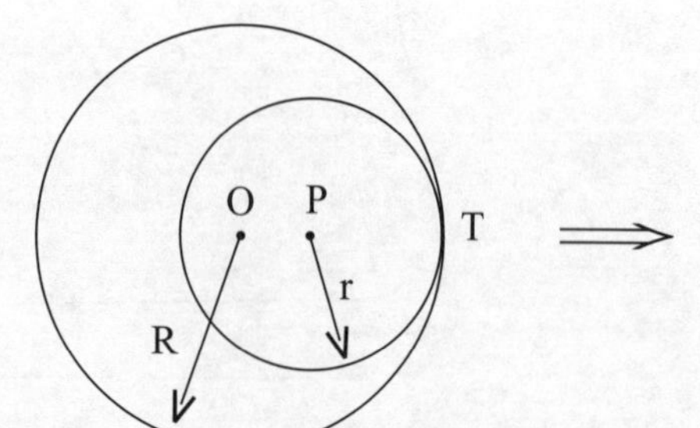

$\Longrightarrow$

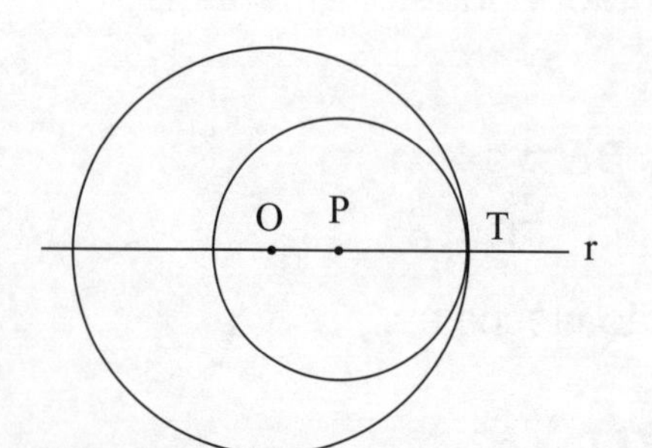

$O, P, T \in r$

Demonstração: se os pontos não fossem colineares poderíamos formar triângulos com eles e teríamos

a. $OP < OT + TP \Rightarrow R + r < R + r \Rightarrow O < O$ (absurdo!)

ou

b. $OT < OP + PT \Rightarrow R < R - r + r \Rightarrow O < O$ (absurdo!)

Logo, os centros e o ponto de tangência devem ser colineares.

EXERCÍCIOS RESOLVIDOS

***Resolvido* 1** Calcule x.

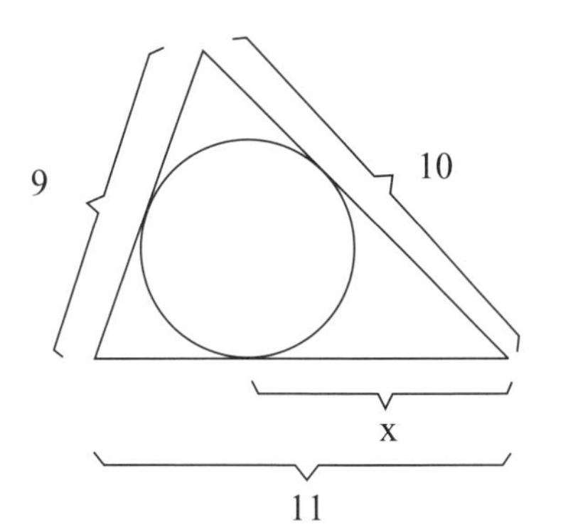

Solução:

$10 - x + 11 - x = 9$

$21 - 2x = 9$

$x = 6$

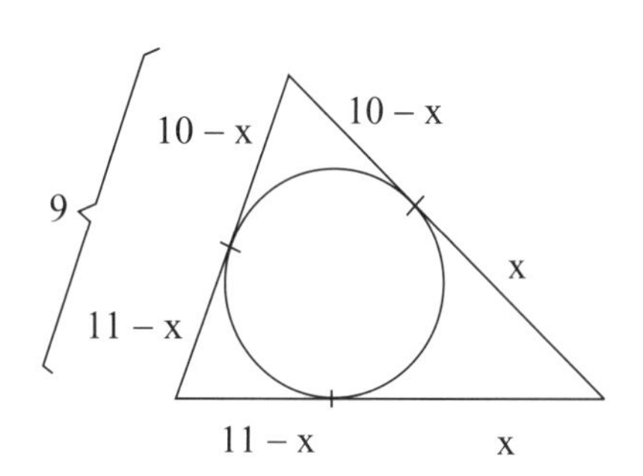

Resposta: 6

***Resolvido* 2** Calcule o raio da circunferência.

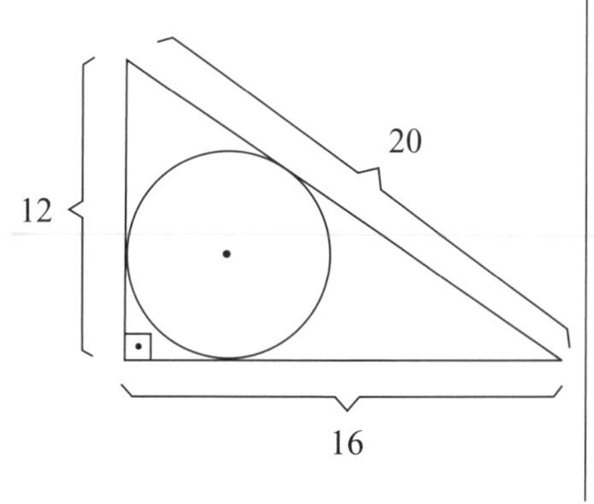

Solução:

Ligando o raio nos pontos de tangência, obtém-se o quadrado OPAQ e as medidas indicadas. Daí, na hipotenusa:

$12 - r + 16 - r = 20 \Rightarrow r = 4$

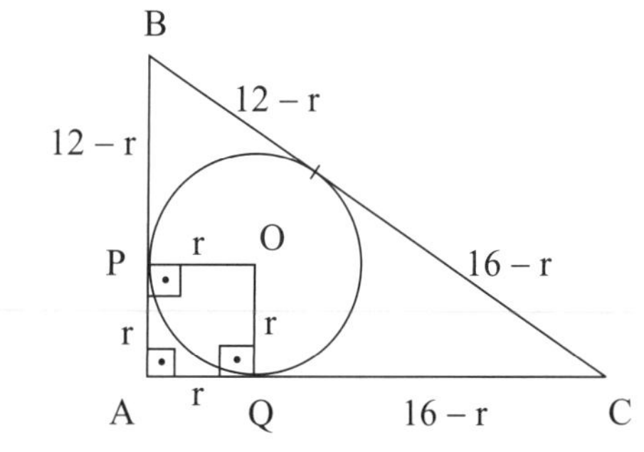

Resposta: 4

***Resolvido* 3** Determine x e y.

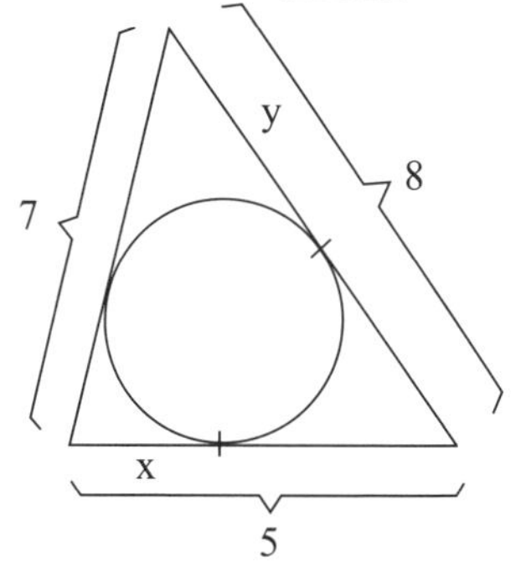

Solução:

De acordo com as medidas, tem-se:

$7 - x + 5 - x = 8 \Rightarrow x = 2$

$y = 7 - x \Rightarrow y = 7 - 2 \Rightarrow y = 5$

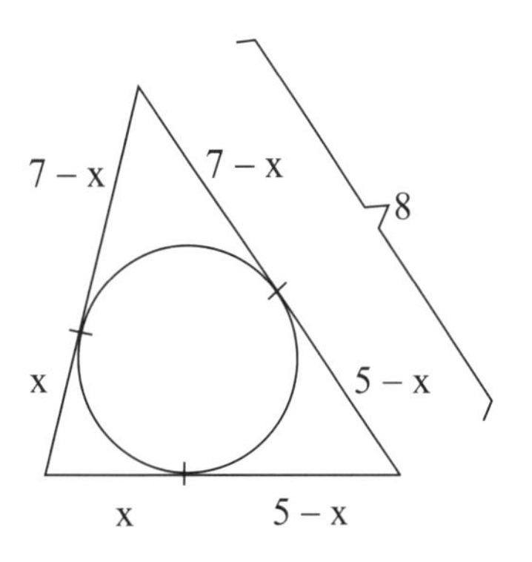

Resposta: x = 2 , y = 5

Resolvido Calcule o raio da circunferência abaixo:

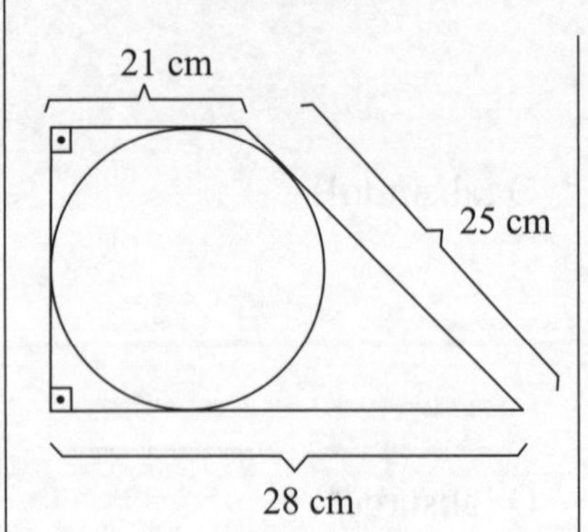

Solução:

A altura do trapézio é igual ao diâmetro.

Como o trapézio é circunscritível, tem-se

$2r + 25 = 21 + 28 \Rightarrow$ $\boxed{r = 12 \text{ cm}}$

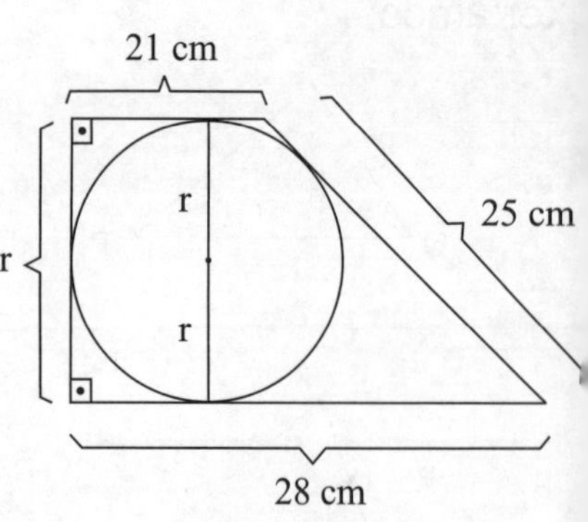

Resposta: 12 cm

Resolvido 4 O perímetro do trapézio abaixo é 54 cm e o raio da circunferência nele inscrita é 6 cm. Calcule:

a) o lado oblíquo do trapézio.

b) as bases do trapézio, sabendo que uma é o dobro da outra.

Solução:

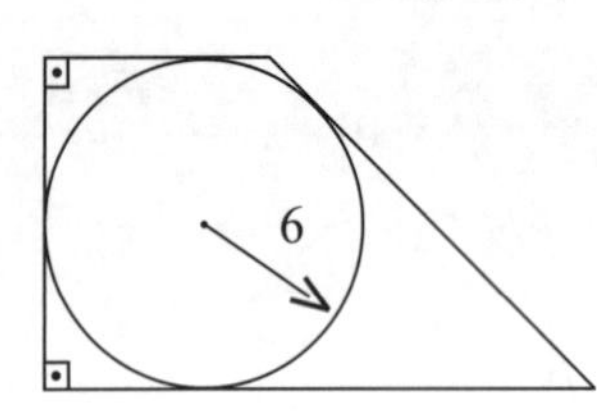

a)

1) $AD + BC = AB + CD$

2) $(AB + CD) + (AD + BC) = 54$

$(AD + BC) + (AD + BC) = 54$

$AD + BC = 27$

$12 + x = 27$

$\boxed{x = 15 \text{ cm}}$

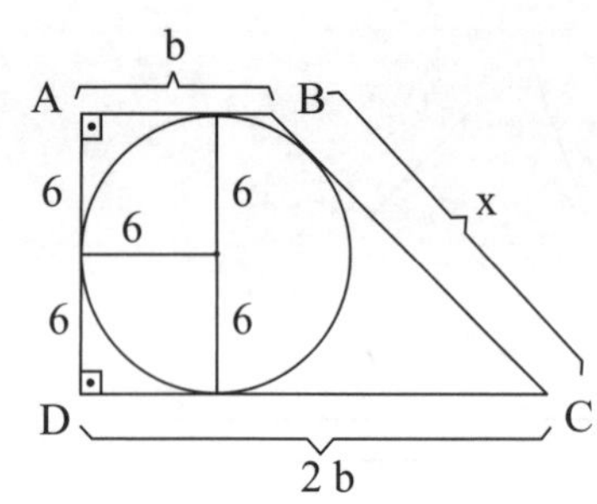

b) $2b + b = 27 \Rightarrow$ $\boxed{b = 9 \text{ cm}}$ $\Rightarrow$ $\boxed{2b = 18 \text{ cm}}$

Resposta: a) 15 cm b) 9 cm e 18 cm

Resolvido 5 O perímetro de um triângulo retângulo é 24 cm e o raio da circunferência nele inscrita é 2 cm. Calcule a hipotenusa.

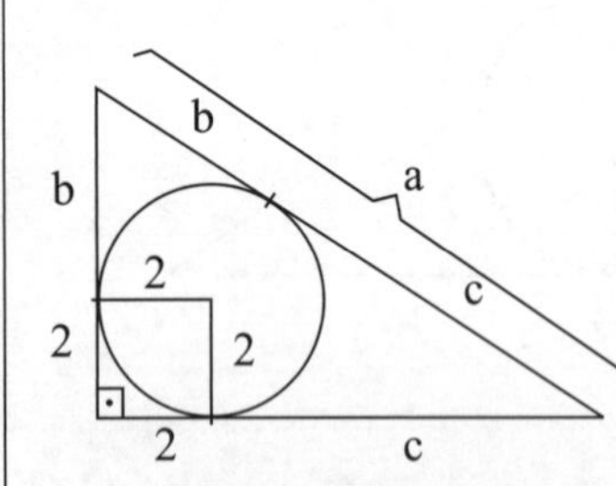

Solução:

1) Perímetro = $24 \Rightarrow a + b + 2 + c + 2 = 24$

$\Rightarrow a + b + c = 20$

2) Na hipotenusa: $b + c = a$

Substituindo 2 em 1:

$a + a = 20 \Rightarrow a = 10 \text{ cm}$

Resposta: 10 cm

Resolvido 6 Calcule os raios das circunferências abaixo.

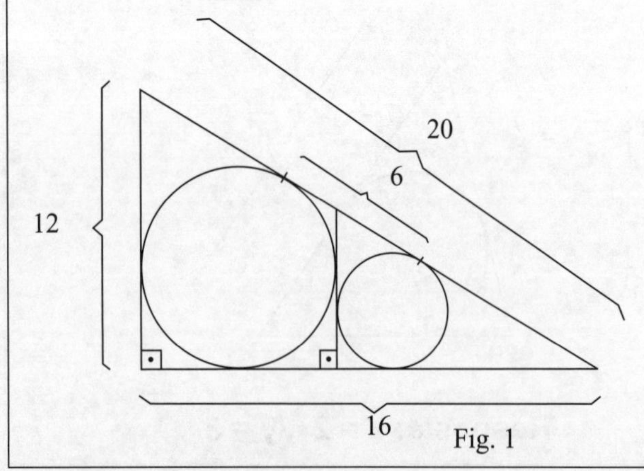

Fig. 1

Solução:

1) Cálculo do raio da circunferência maior (veja Fig. 2)

De acordo com as medidas indicadas, tem-se

$12 - R + 16 - R = 20 \Rightarrow R = 4$

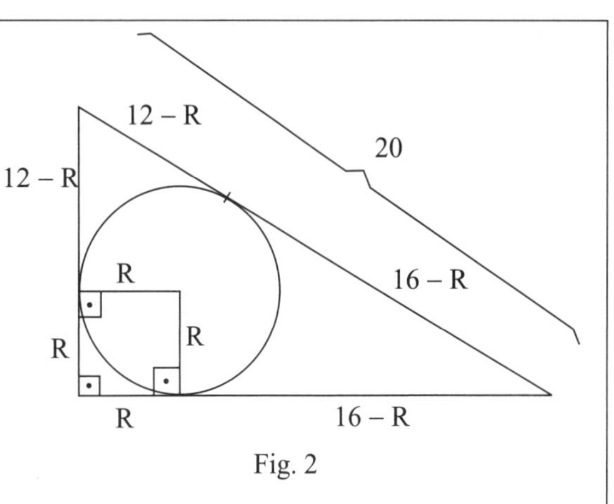

Fig. 2

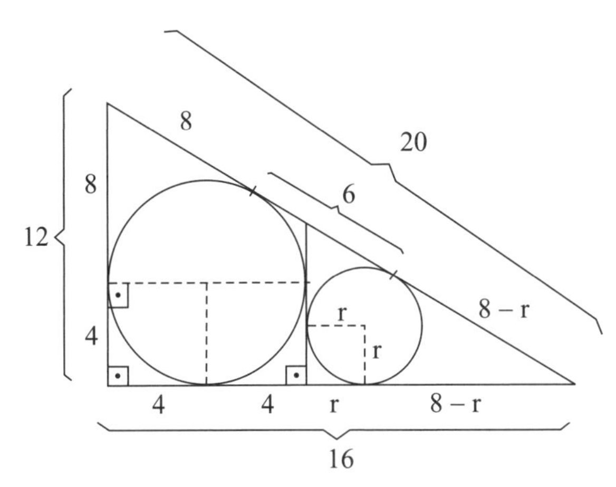

2) Cálculo do raio da circunferência menor

Na hipotenusa do triângulo maior, tem-se:

$$8 + 6 + 8 - r = 20$$
$$22 - r = 20$$
$$r = 2$$

Resposta: os raios medem 2 e 4.

01 Calcule o valor das incógnitas nos casos abaixo:

a)

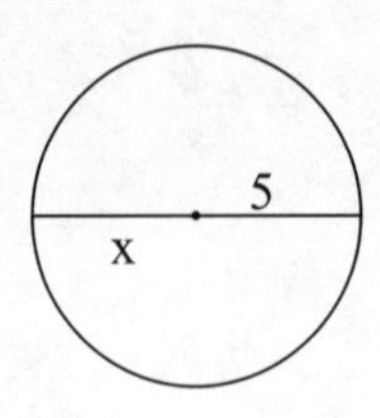

b)

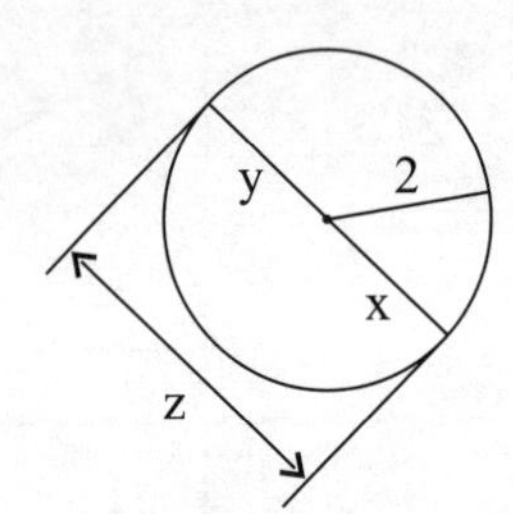

c)

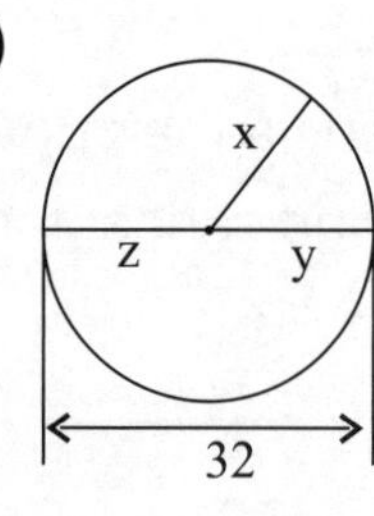

d)

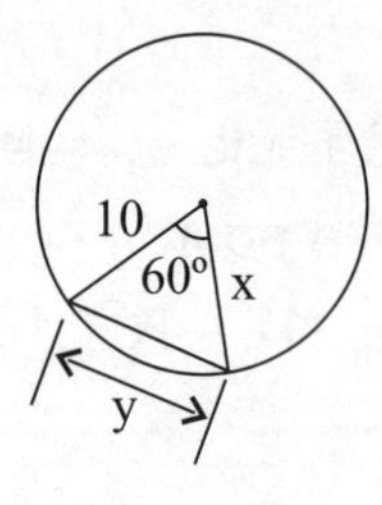

e)

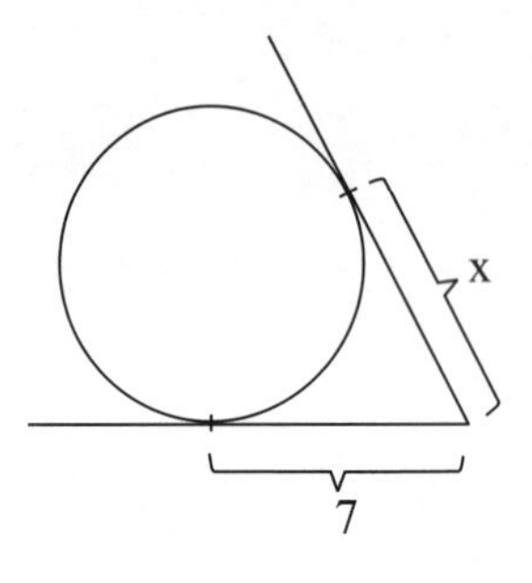

f)

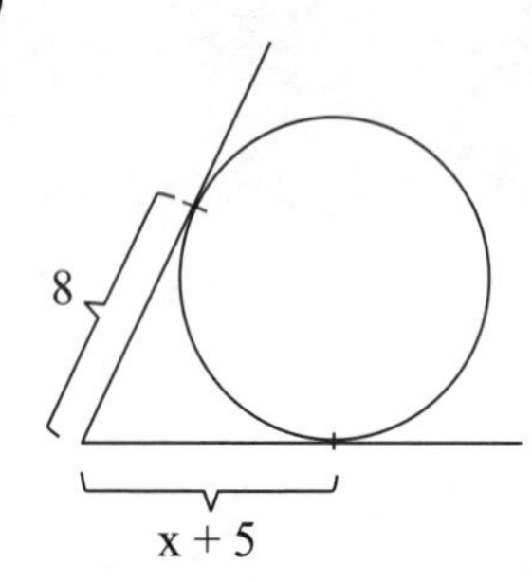

g)

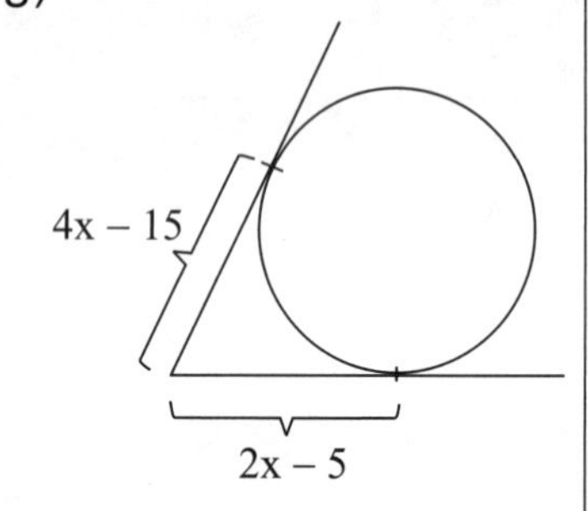

h)

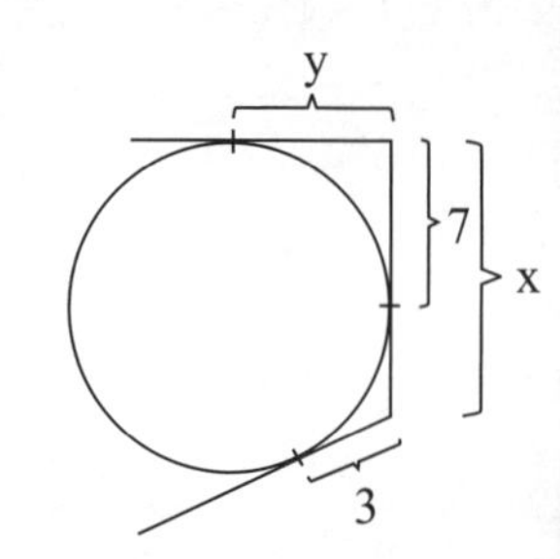

i)

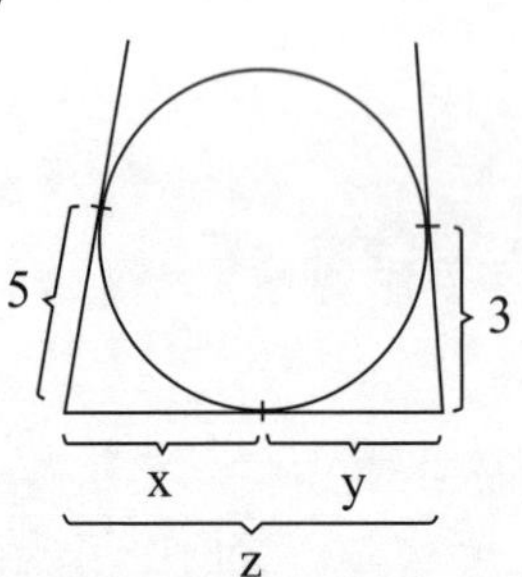

j)

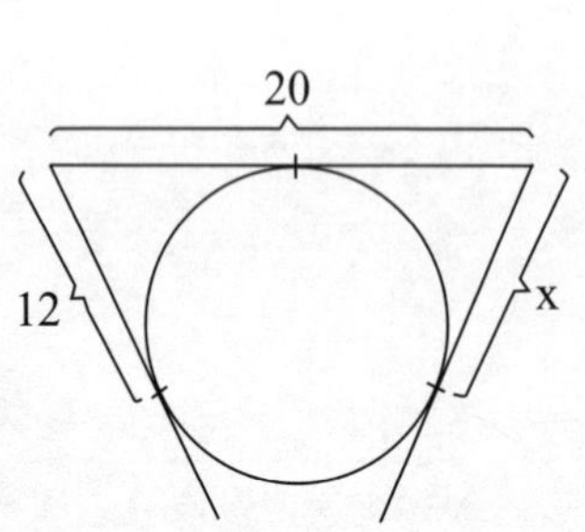

l)

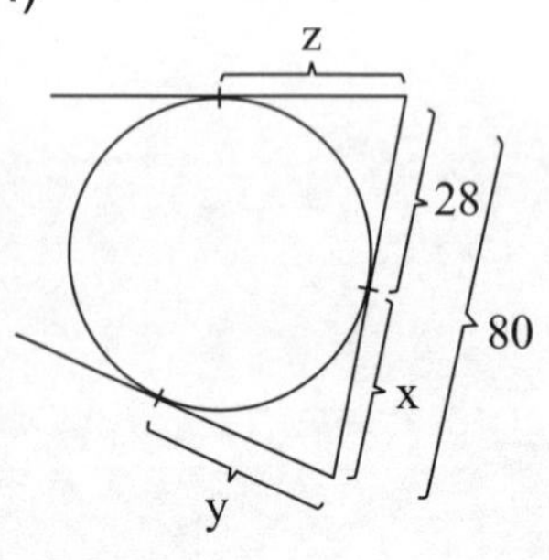

m)

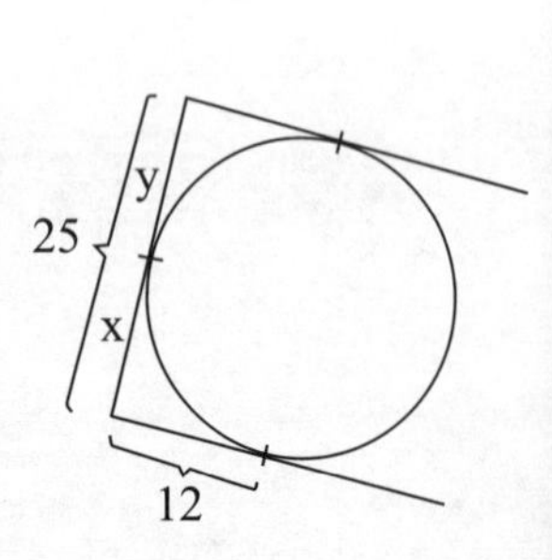

02 Determine o valor das variáveis nas figuras abaixo:

a)

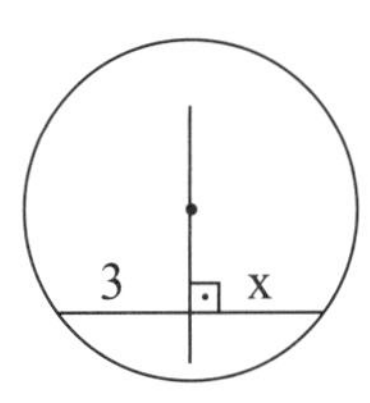

b)

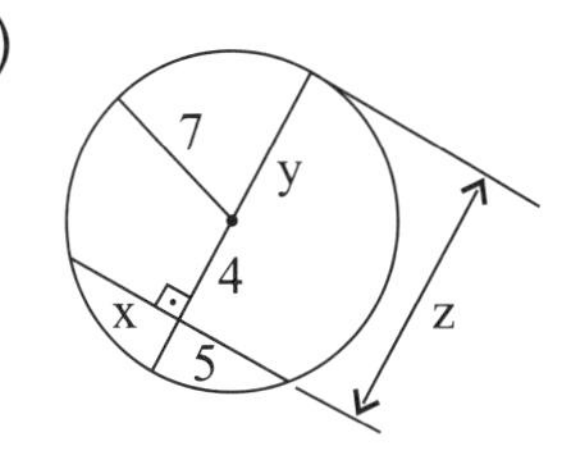

c)

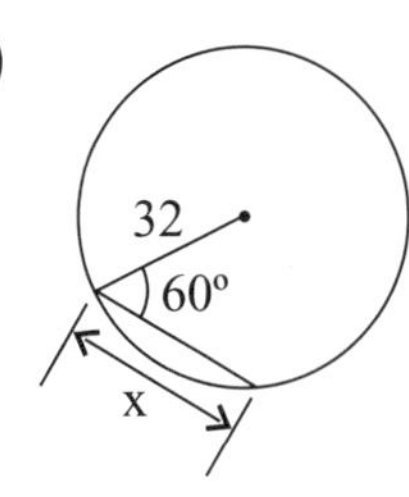

d)

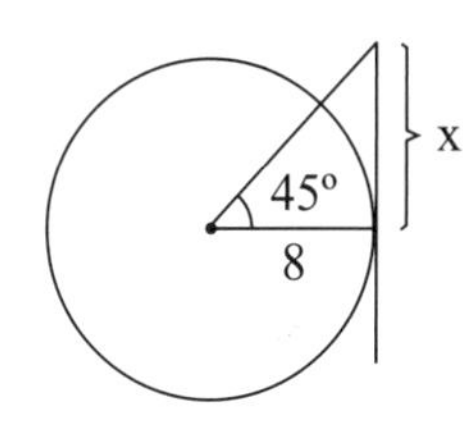

e)

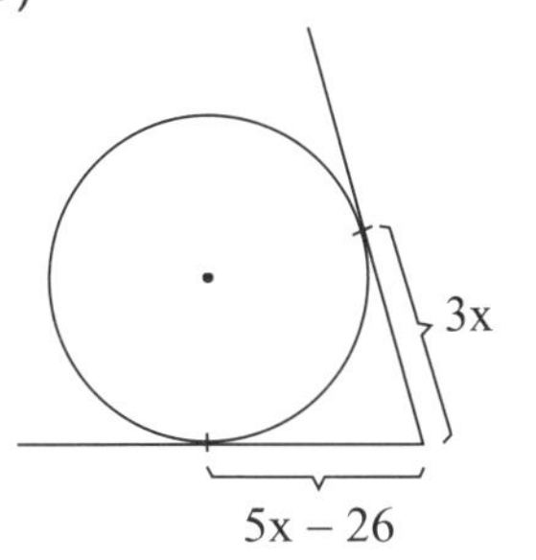

f)

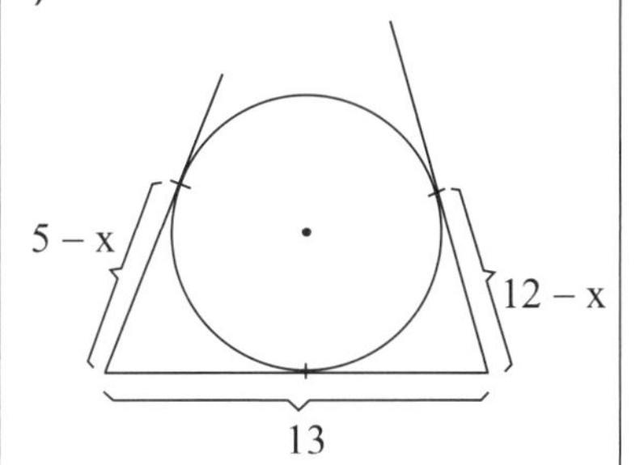

g)

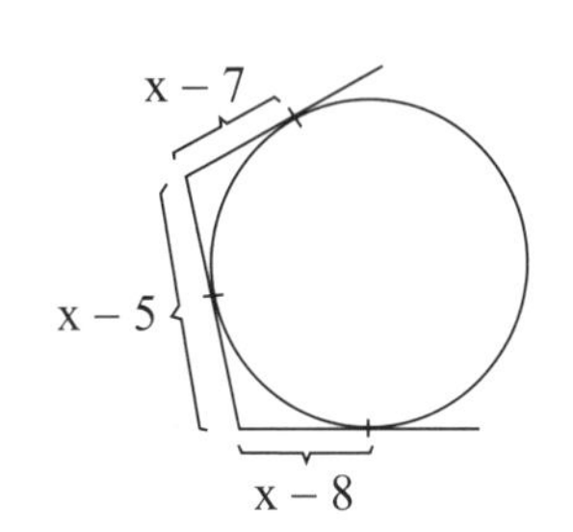

h)

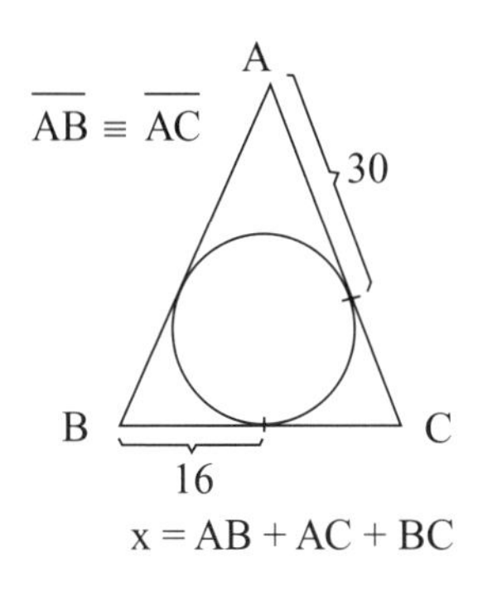

i)

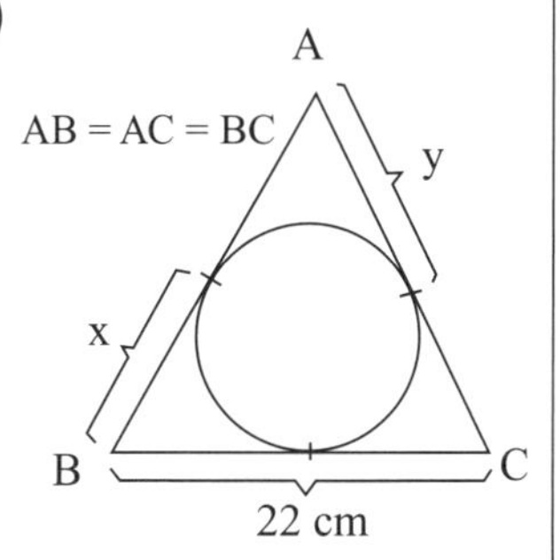

j)

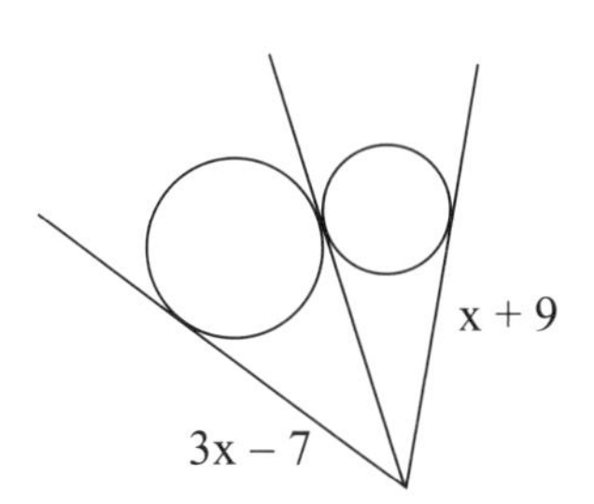

l)

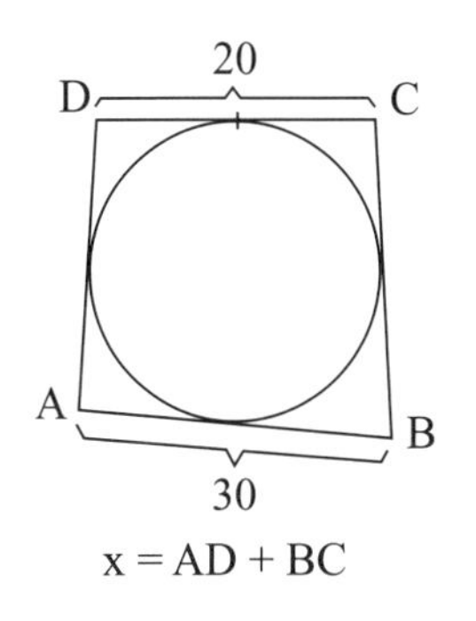

m) Trapézio isósceles

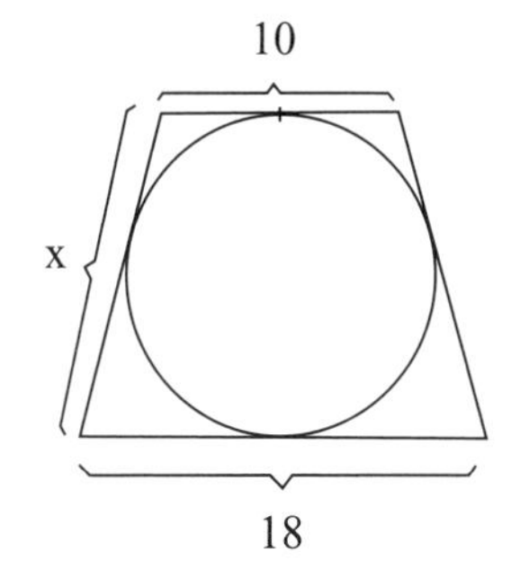

03 Determine o valor de x nas figuras abaixo:

a)

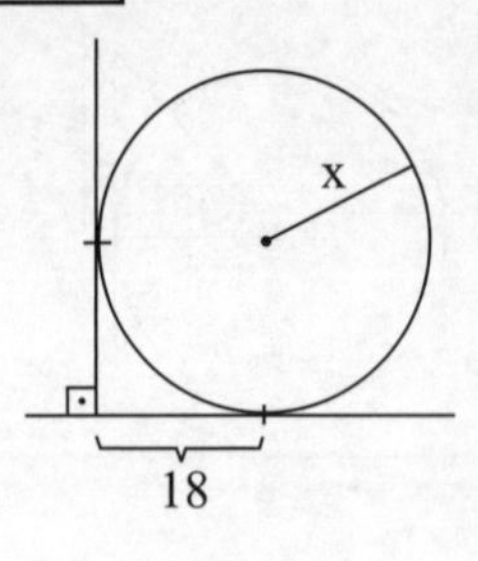

b)

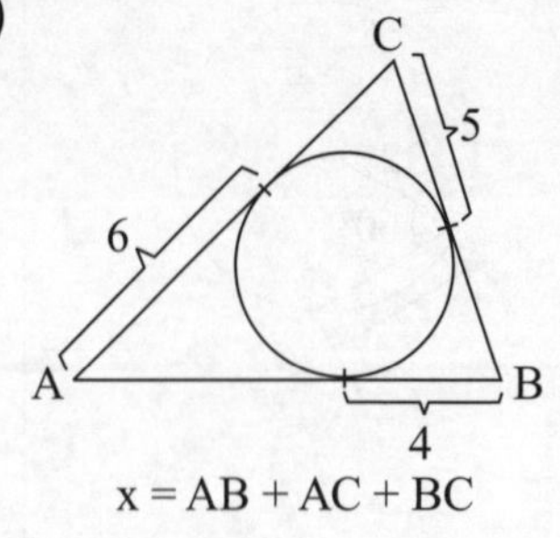

c)

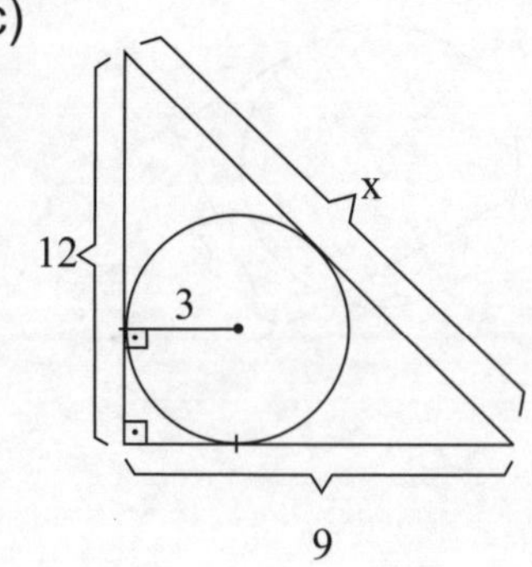

d)

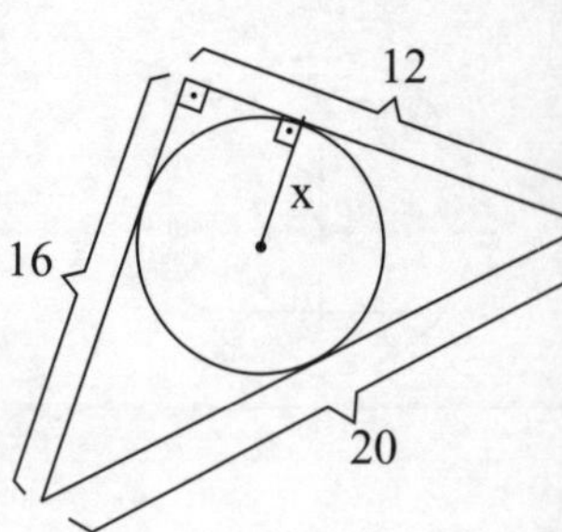

04 Determine o valor das incógnitas abaixo:

a)

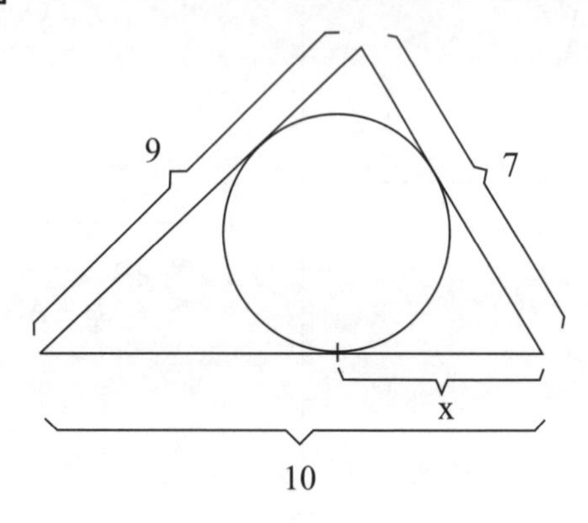

b)

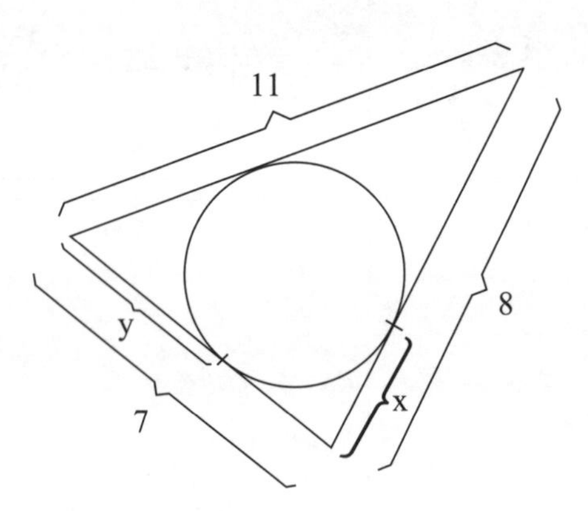

c)

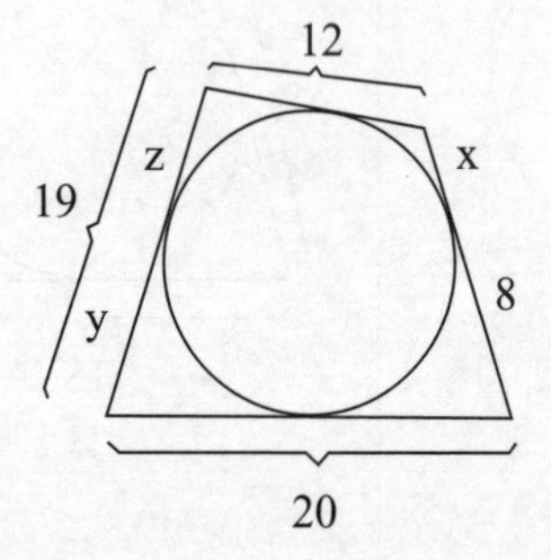

d)

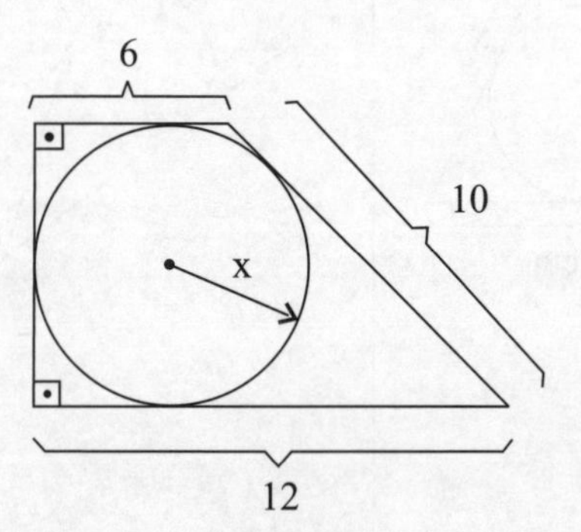

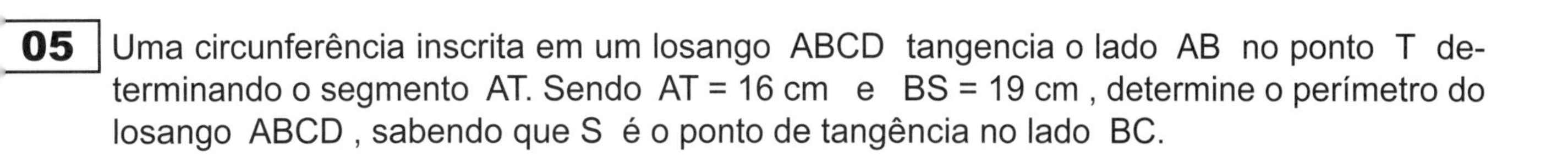

05 Uma circunferência inscrita em um losango ABCD tangencia o lado AB no ponto T determinando o segmento AT. Sendo AT = 16 cm e BS = 19 cm , determine o perímetro do losango ABCD , sabendo que S é o ponto de tangência no lado BC.

06 A corda AB de um círculo de centro O tem medida igual ao raio do círculo. Determine a medida do ângulo AÔB.

07 Na figura abaixo desenhe o menor e o maior segmento que unem o ponto P à circunferência C .

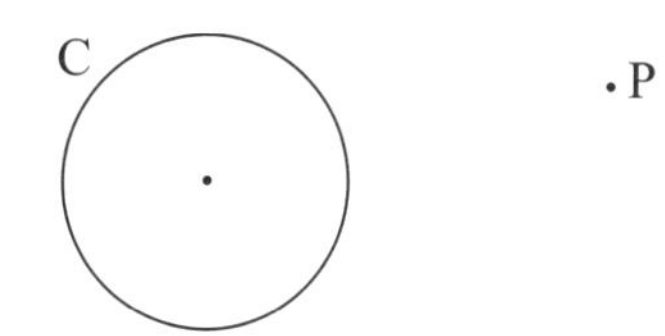

08 A maior distância de um ponto P à circunferência C de raio 18 cm é o quádruplo do diâmetro de C. Determine a menor distância de P até C.

09 Uma circunferência está inscrita em um triângulo ABC. Se M , N e P são os pontos de tangência com os lados AB , AC e BC , respectivamente, e AM = 6 m, BP = 4 m e CN = 3 m, determine o perímetro do triângulo.

10 Quanto mede o lado do quadrado circunscrito a um círculo de raio 6 m?

---

11 Quanto mede a diagonal de um quadrado inscrito em um círculo de raio 28 cm?

---

12 Quanto mede o raio do círculo inscrito em um quadrado de 32 m de perímetro?

---

13 Quanto mede o raio de um círculo que circunscreve um quadrado cuja diagonal mede 52 cm?

---

14 Uma circunferência está inscrita em um triângulo ABC , determinando sobre os lados AB BC e AC os segmentos tangentes AP = 5 m , BQ = 7 m e CS = x . Sendo 32 m o perímetro do triângulo ABC, determine x .

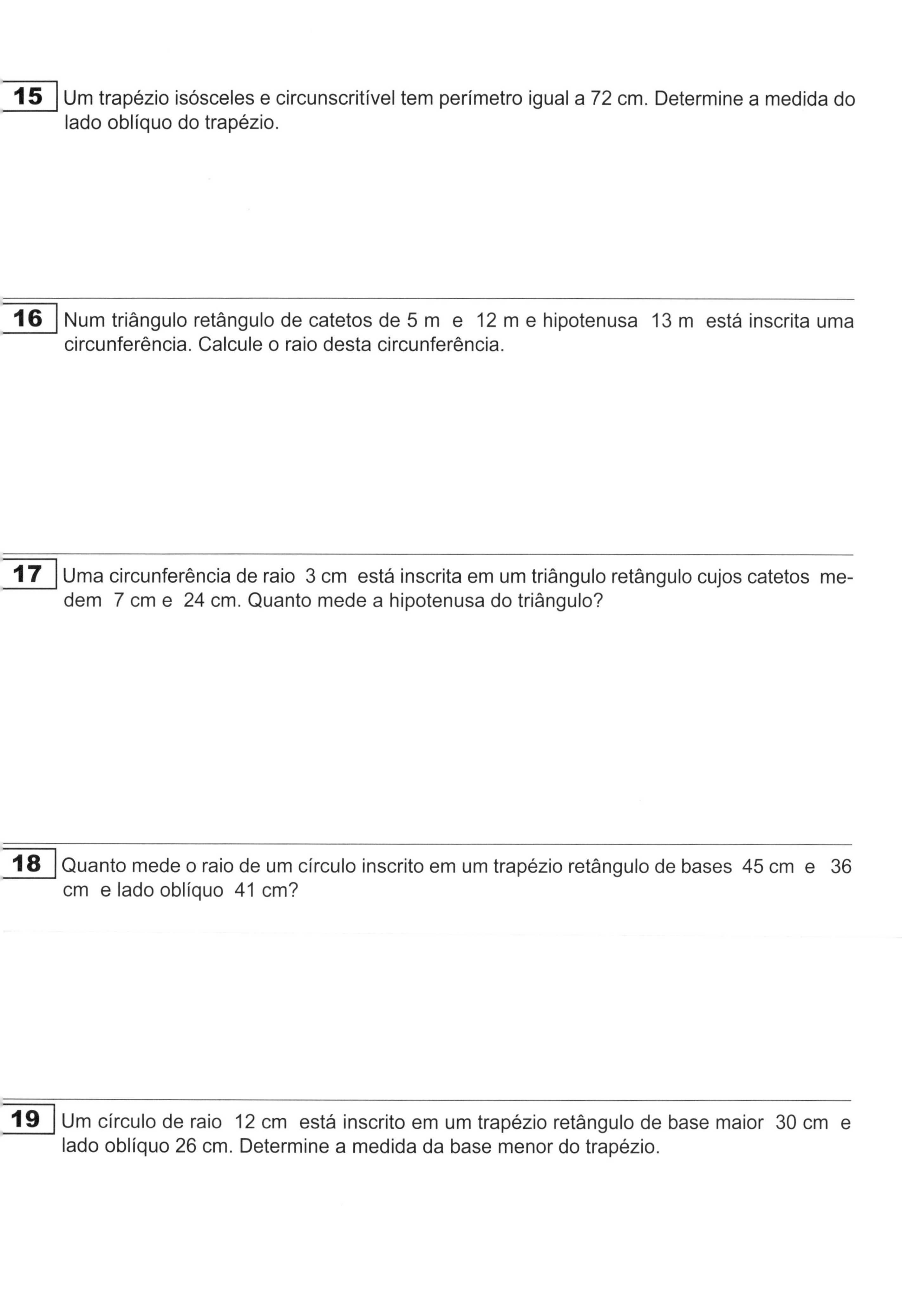

15 Um trapézio isósceles e circunscritível tem perímetro igual a 72 cm. Determine a medida do lado oblíquo do trapézio.

16 Num triângulo retângulo de catetos de 5 m e 12 m e hipotenusa 13 m está inscrita uma circunferência. Calcule o raio desta circunferência.

17 Uma circunferência de raio 3 cm está inscrita em um triângulo retângulo cujos catetos medem 7 cm e 24 cm. Quanto mede a hipotenusa do triângulo?

18 Quanto mede o raio de um círculo inscrito em um trapézio retângulo de bases 45 cm e 36 cm e lado oblíquo 41 cm?

19 Um círculo de raio 12 cm está inscrito em um trapézio retângulo de base maior 30 cm e lado oblíquo 26 cm. Determine a medida da base menor do trapézio.

20 Seja A o vértice de um triângulo equilátero ABC. Se a distância de A até o ponto de tangência da circunferência inscrita com o lado AB é 43 m , determine o perímetro do triângulo ABC.

21 Duas circunferências de raios iguais a 15 cm são tangentes entre si e cada uma tangencia 3 lados de um mesmo retângulo. Determine o perímetro do retângulo.

22 Na figura abaixo, prove que o ângulo Â é reto.

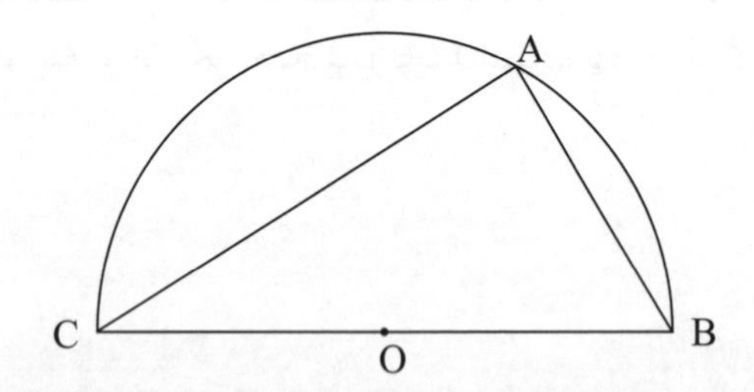

23 Na figura abaixo, determine a medida do raio da circunferência menor, sendo OA = 15 AB = 18 e AC = 24.

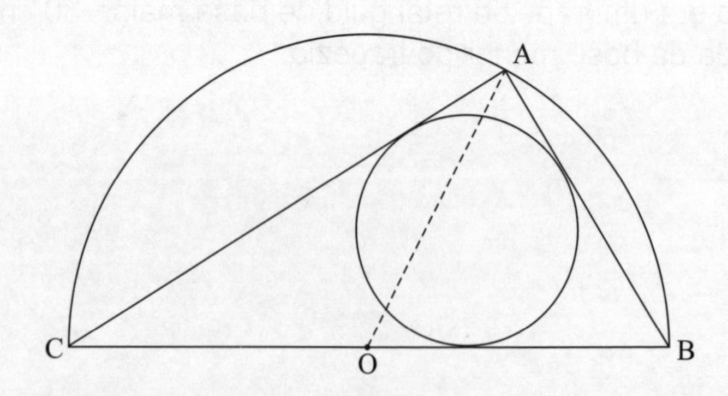

24 Na figura abaixo, tem-se AB = 20 cm , AC = 16 cm e BC = 8 cm. Determine os raios das circunferências.

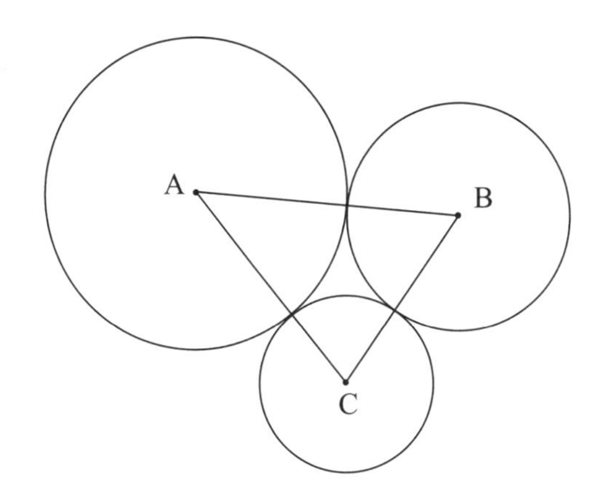

25 Na figura abaixo, AT = 15 cm . Determine o perímetro do triângulo ABC.

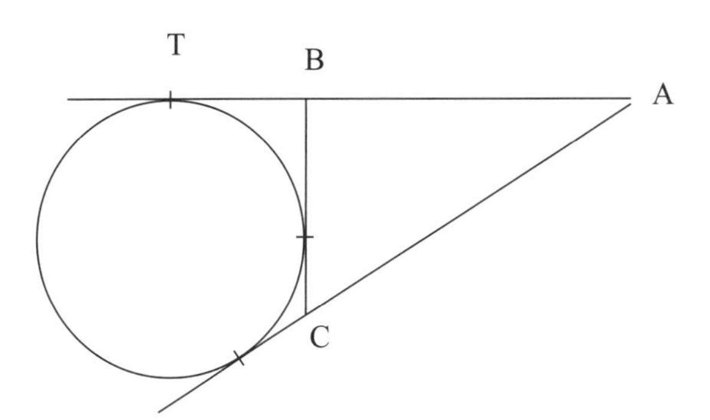

26 Na figura abaixo, o perímetro do triângulo ABC é 62 cm e BC = 12 cm . Determine o perímetro do triângulo ADE.

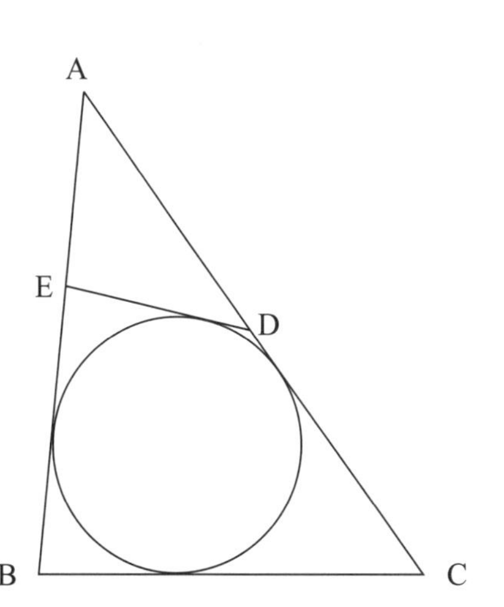

II POLÍGONOS

A) Polígono

Definição: num plano, sejam $V_1, V_2, \ldots, V_n$ $(n \geq 3)$ pontos distintos dois a dois, de modo que três deles, se consecutivos, não são colineares (sendo V_1 o consecutivo de V_n). Chama-se **polígono** $V_1V_2 \ldots V_n$ à união dos n segmentos com extremidades em dois pontos consecutivos. As figuras abaixo são exemplos de polígonos.

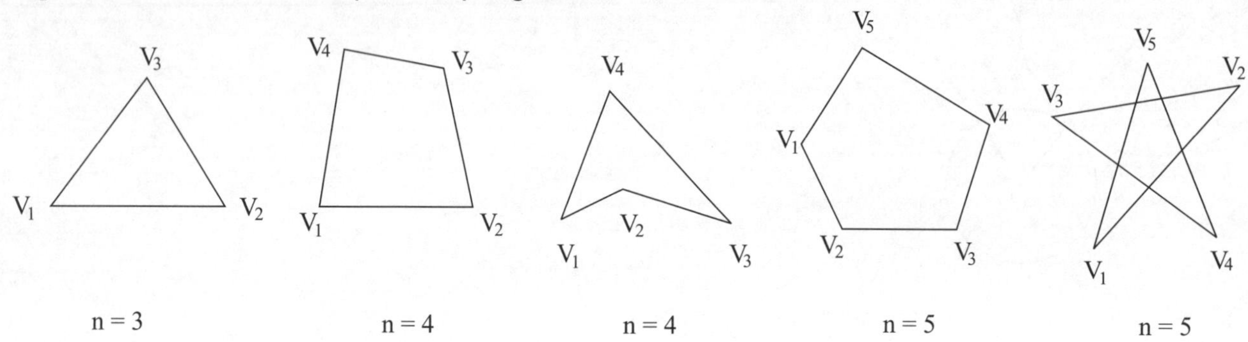

$V_1, V_2, \ldots, V_n$: **vértices**; $\overline{V_1V_2}$, $\overline{V_2V_3}$, $\overline{V_3V_4}$, $\overline{V_4V_5}$, $\overline{V_5V_1}$: **lados**

Observação: qualquer segmento com extremidades em vértices não consecutivos é chamado de diagonal do polígono.

B) Polígono simples

Definição: polígonos simples são os que não têm intersecção entre lados não-consecutivos.

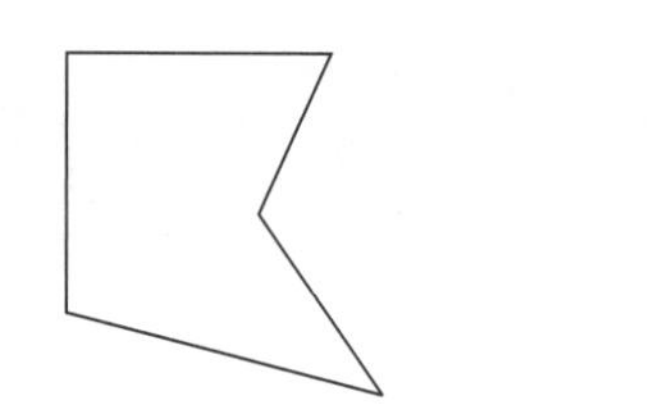

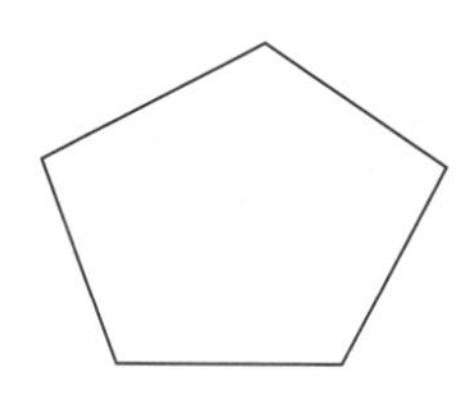

C) Polígono convexo

Definição: polígonos convexos são polígonos simples tais que, toda reta que contém um dos lados não contém, com exceção das extremidades desse lado, pontos de outro lado.

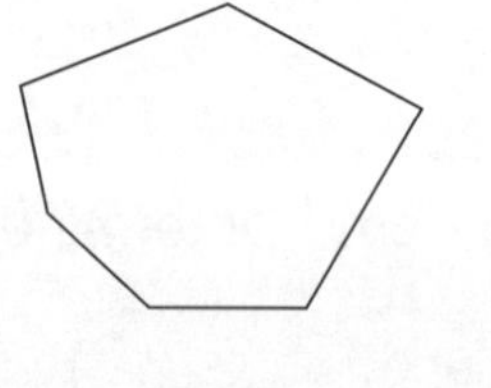

convexo

não convexo

D) Nomenclatura

Alguns polígonos recebem nomes especiais, de acordo com o número n de lados:

$n = 3 \Rightarrow$ triângulo $n = 4 \Rightarrow$ quadrilátero $n = 5 \Rightarrow$ pentágono
$n = 6 \Rightarrow$ hexágono $n = 7 \Rightarrow$ heptágono $n = 8 \Rightarrow$ octógono
$n = 9 \Rightarrow$ eneágono $n = 10 \Rightarrow$ decágono $n = 11 \Rightarrow$ undecágono
$n = 12 \Rightarrow$ dodecágono $n = 13 \Rightarrow$ tridecágono $n = 14 \Rightarrow$ tetradecágono
$n = 15 \Rightarrow$ pentadecágono
$\vdots$
$n = 20 \Rightarrow$ icoságono

E) Polígono regular

Polígono equilátero: é aquele cujos lados são congruentes entre si.

Polígono equiângulo: é aquele cujos ângulos internos são congruentes entre si.

Polígono regular: é um polígono convexo, equilátero e **equiângulo.**

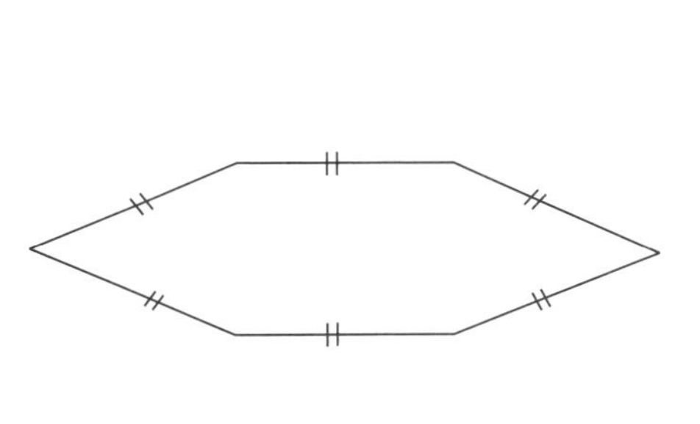

hexágono equilátero

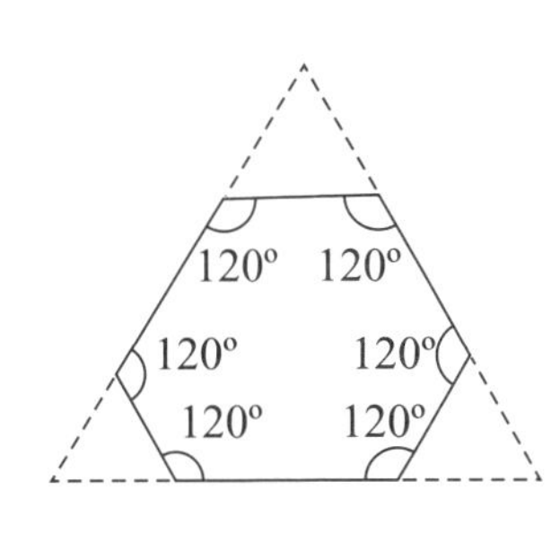

hexágono equiângulo

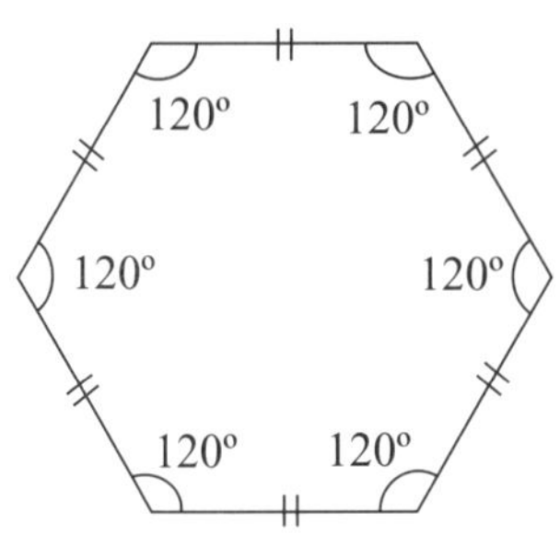

hexágono regular

Observação: o triângulo é o único polígono que, se for equilátero, será equiângulo e reciprocamente, se for equiângulo será equilátero.

F) Teoremas

T9 A soma dos ângulos internos (Si) de um polígono convexo de n lados é dada por

$$S_i = (n - 2) \cdot 180^\circ$$

(**Observação:** o teorema também é válido para polígonos simples não-convexos, mas a demonstração, neste caso, foge aos objetivos deste livro).

Demonstração: seja $V_1V_2 \ldots V_n$ um polígono convexo de **n** lados. De um vértice qualquer (V_1, na figura) traçam-se todas as diagonais que têm esse vértice como extremo.

Então o polígono fica decomposto em $(n - 2)$ triângulos e a soma Si dos ângulos internos do polígono é igual à soma dos ângulos internos dos $(n - 2)$ triângulos. Ou seja,

$$S_i = (n - 2) \cdot 180^\circ$$

T10 A soma dos ângulos externos (Se) de um polígono convexo de n lados é igual a 360°.

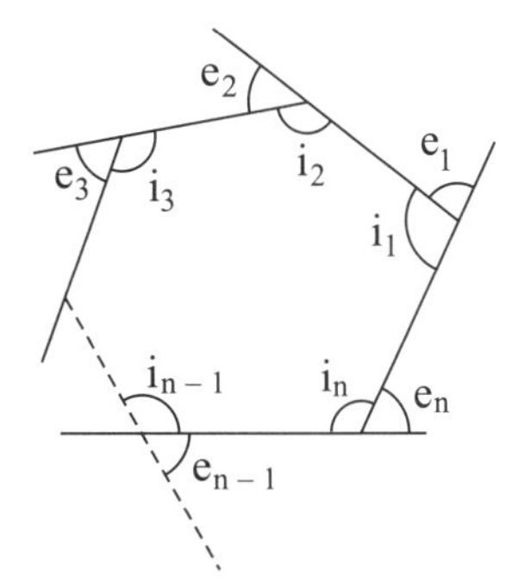

$$e_1 + e_2 + \ldots + e_n = 360^\circ$$

ou

$$S_e = 360^\circ$$

Demonstração: de acordo com a figura anterior, tem-se:

$$\begin{cases} i_1 + e_1 = 180^o \\ i_2 + e_2 = 180^o \\ \vdots \\ i_n + e_n = 180^o \end{cases}$$

somando membro a membro

$$\underbrace{(i_1 + i_2 + \ldots + i_n)}_{S_i} + \underbrace{(e_1 + e_2 + \ldots + e_n)}_{S_e} = n \cdot 180^o$$

$$(n-2) \cdot 180^o + S_e = n \cdot 180^o$$

$$n \cdot 180^o - 360^o + S_e = n \cdot 180^o \Rightarrow \boxed{S_e = 360^o}$$

T11 O número de diagonais de um polígono convexo (d) de n lados é dado por

$$d = \frac{n(n-3)}{2}$$

Demonstração: primeiramente vejamos quantas diagonais saem de um vértice (digamos V_1). Se "ligarmos" V_1 com **todos** os **n** vértices do polígono, verificamos que três dessas **n** ligações **não são** diagonais:

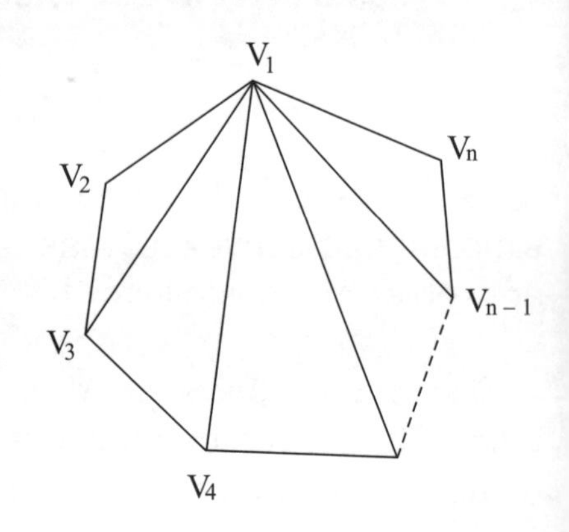

$\overline{V_1V_1}$, $\overline{V_1V_2}$ e $\overline{V_1V_n}$. Logo, temos sempre de cada vértice, (n – 3) diagonais.

Como são **n** vértices, temos um total de n vezes (n – 3). Mas, quando contarmos as diagonais que saem de V_1, contaremos $\overline{V_1V_4}$ e quando contarmos as que saem de V_4, contaremos $\overline{V_4V_1}$. Então em n (n – 3) todas as diagonais estão contadas duas vezes. Portanto:

$$2d = n(n-3) \Rightarrow \boxed{d = \frac{n(n-3)}{2}}$$

EXERCÍCIOS RESOLVIDOS

Resolvido 7 Qual é o polígono cuja soma dos ângulos internos é igual a 1980º?

Solução: $Si = 1980^o \Rightarrow (n-2) \cdot 180^o = 1980^o \Rightarrow$

$$\Rightarrow (n-2) = \frac{1980^o}{180^o} \Rightarrow n - 2 = 11 \Rightarrow n = 13$$

Resposta: é o tridecágono

Resolvido 8 A soma do total de lados de dois polígonos é igual a 20 e a diferença entre a soma dos ângulos internos do primeiro e a soma dos ângulos internos do segundo é igual a 720º. Quais são esses polígonos?

Solução: n_1: total de lados do primeiro polígono

n_2: total de lados do segundo polígono

Tem-se:

$$\begin{cases} n_1 + n_2 = 20 \\ S_1 - S_2 = 720^\circ \end{cases} \Rightarrow \begin{cases} n_1 + n_2 = 20 \\ (n_1 - 2)\cdot 180^\circ - (n_2 - 2)\cdot 180^\circ = 720^\circ \end{cases} \Rightarrow$$

$$\Rightarrow \begin{cases} n_1 + n_2 = 20_1 \\ (n_1 - 2) - (n_2 - 2) = \end{cases} \Rightarrow \begin{cases} n_1 + n_2 = 20 \\ n_1 - n_2 = 4 \end{cases} \Rightarrow \mathbf{n_1 = 12,\ n_2 = 8}$$

Resposta: octógono e dodecágono.

Resolvido 9 Qual polígono tem o dobro de diagonais igual ao triplo do número de lados?

Solução:

d : total de diagonais ; **n** : número de lados

$$2d = 3n \Rightarrow 2 \cdot \frac{n(n-3)}{2} = 3n \Rightarrow n\,(n-3) = 3n \Rightarrow$$

$$\Rightarrow n^2 - 3n = 3n \Rightarrow n^2 - 6n = 0 \Rightarrow n \cdot (n-6) = 0$$

$n = 0$ (impossível) ou $n - 6 = 0 \Rightarrow \boxed{n = 6}$

Resposta: hexágono

Resolvido 10 De cada vértice de um polígono é possível traçar um número máximo de 12 diagonais. Calcule a soma dos ângulos internos desse polígono.

Solução:

Se um polígono tem **n** lados, então é possível traçar, de cada vértice, um máximo de $n - 3$ diagonais.

Portanto, $n - 3 = 12 \Rightarrow n = 15$ (pentadecágono)

Logo,

$$S_i = (n-2)\cdot 180^\circ \quad S_i = (15-2)\cdot 180^\circ \Rightarrow \boxed{S_i = 2340^\circ}$$

Resposta: 2340°

Resolvido 11 Determine as medidas do ângulo externo e do ângulo interno de um polígono regular de 24 lados.

Solução:

A soma dos ângulos externos é sempre 360°. Sendo 24 o total de lados do polígono, seu número total de ângulos externos é também 24.

Se a_e indica a medida de um ângulo externo, teremos que 24 vezes esse valor dará a soma dos ângulos externos, isto é,

$$24 \cdot a_e = 360^\circ \Rightarrow a_e = \frac{360^\circ}{24} \Rightarrow \mathbf{a_e = 15^\circ}$$

Sendo a_i a medida do ângulo interno, tem-se:

$$a_i + a_e = 180^\circ \Rightarrow a_i + 15^\circ = 180^{\circ\circ} \Rightarrow \mathbf{a_i = 165^\circ}$$

Resposta: $a_e = 15^\circ$; $a_i = 165^\circ$

27 Determine o valor de x nos casos abaixo:

a)

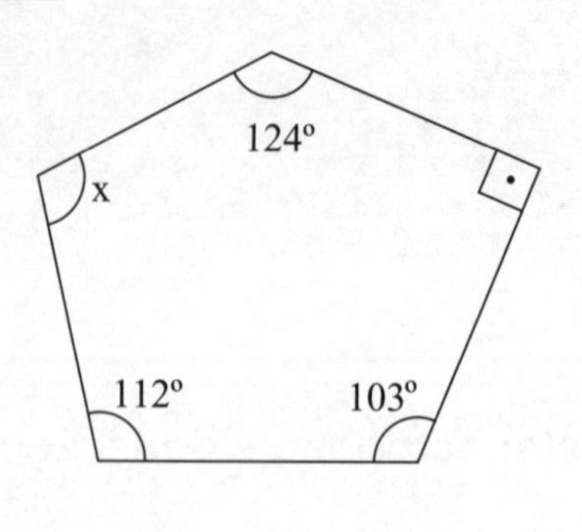

b)

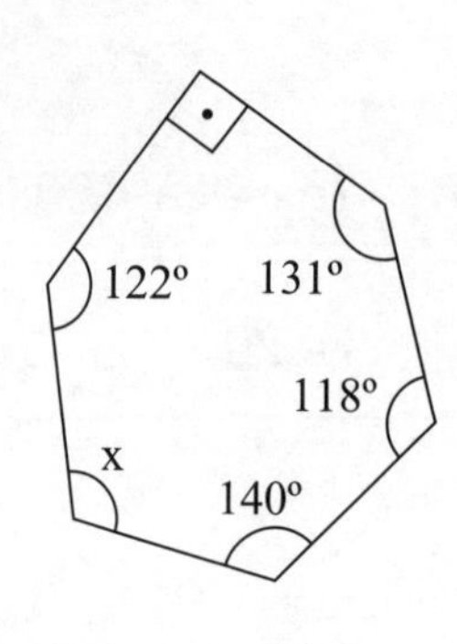

c)

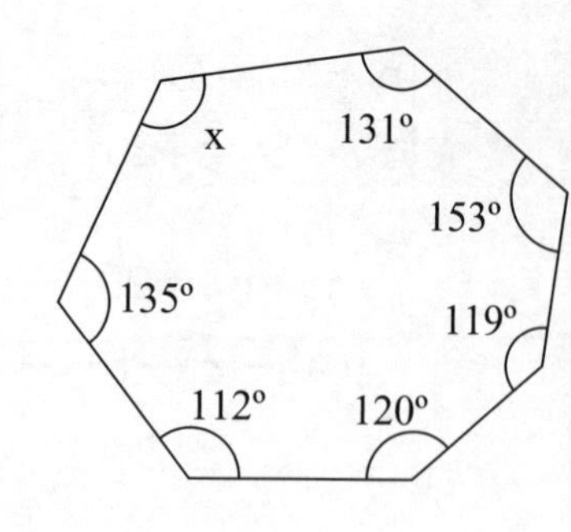

d)

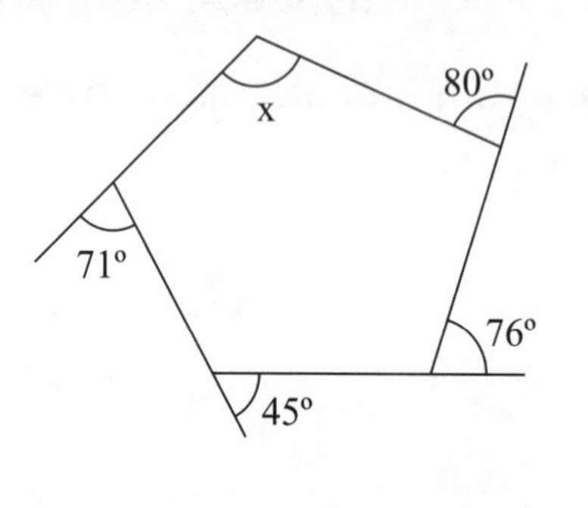

e)

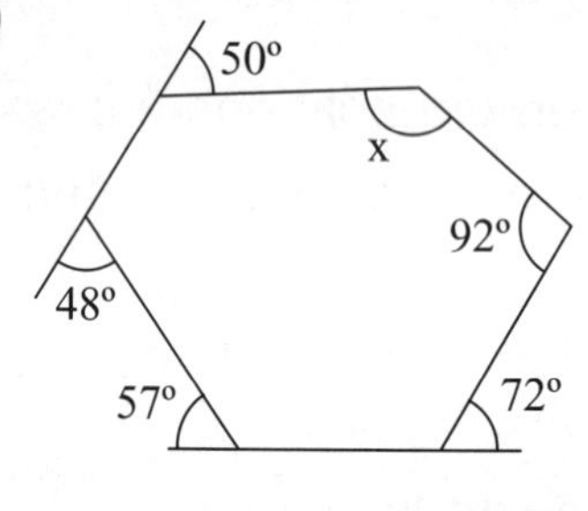

f)

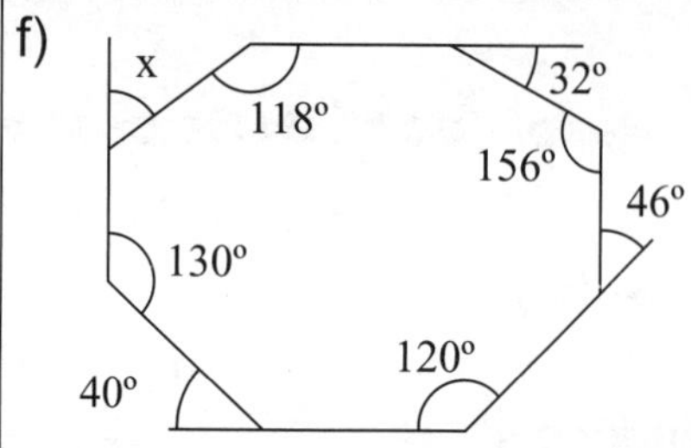

g)

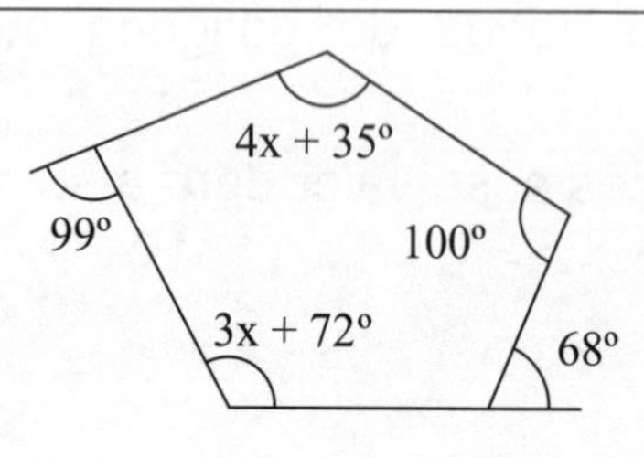

h)

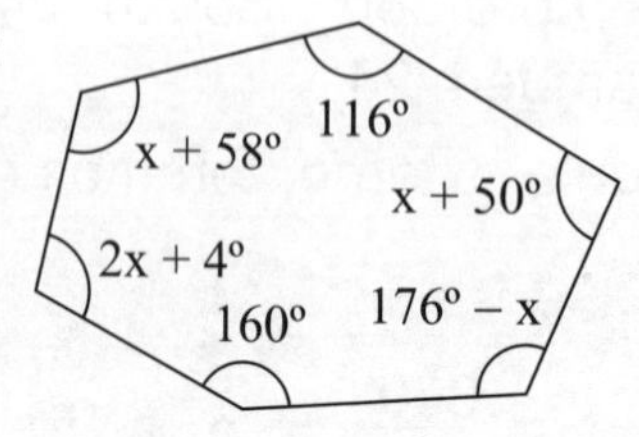

i)

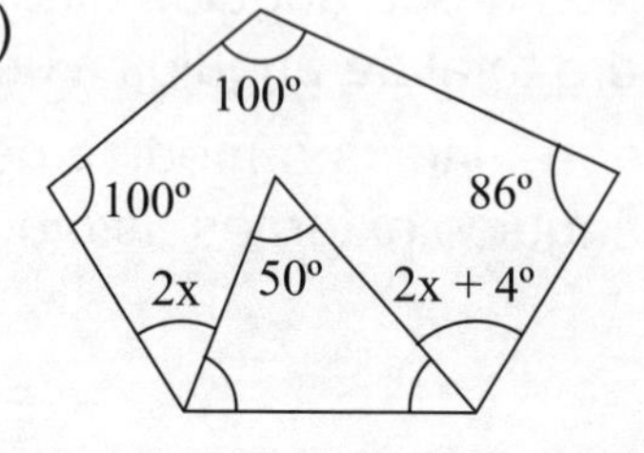

28 Determine a soma dos ângulos internos de um:

a) eneágono (9 lados)

b) dodecágono (12 lados)

c) pentadecágono (15 lados)

29 Qual é o polígono cuja soma dos ângulos internos é igual a 1440°?

30 Quantos lados tem o polígono cuja soma dos ângulos internos é igual a 3240°?

31 A soma dos ângulos internos de um polígono é igual a 2880°. Quantos lados tem esse polígono?

32 A soma do total de lados de dois polígonos é igual a 14 e a diferença entre a soma dos ângulos internos do primeiro e a soma dos ângulos internos do segundo é igual a 360°. Quais são esses polígonos?

33 A soma do total de lados de dois polígonos é igual a 24 e a diferença entre a soma dos ângulos internos do primeiro e a soma dos ângulos internos do segundo é igual a 720°. Determine quais são esses polígonos.

34 A soma do total de lados de dois polígonos é igual a 15 e a soma dos ângulos internos de um excede a soma dos ângulos internos do outro em 540°. Determine esses polígonos.

35 A diferença entre o número de lados de dois polígonos é 3 e a soma dos ângulos internos do primeiro somada com a soma dos ângulos internos do segundo é igual a 2340°. Determine quais são os polígonos.

36 A diferença entre o número de lados de dois polígonos é 5. A soma dos ângulos internos do primeiro excede a soma dos ângulos externos do segundo em 1980°. Determine esses polígonos.

37 Determine o total de diagonais de um:

a) decágono

b) undecágono

c) icoságono

38 Quantas diagonais saem de cada vértice de um:

a) octógono

b) pentadecágono

c) icoságono

39 De cada vértice de um certo polígono saem 14 diagonais. Quantos lados tem esse polígono?

40 De cada vértice de um certo polígono saem 9 diagonais. Calcule a soma dos ângulos internos desse polígono.

41 Que polígono tem o total de diagonais igual ao triplo do número de lados?

42 Que polígono tem o total de diagonais igual ao quádruplo do número de lados?

43 Determine o total de diagonais de um polígono cuja soma dos ângulos internos é igual a 1440º.

44 Um polígono tem soma dos ângulos internos igual a 1620º. Se acrescentarmos um lado ao total de lados desses polígono, quantas diagonais ele passará a ter?

45 De cada vértice de um polígono saem 11 diagonais. Qual é o total de diagonais desse polígono?

46 A diferença entre o total de lados de dois polígonos é dois e a diferença entre o total de diagonais é 9. Determine esses polígonos.

47 Determine as medidas do ângulo externo e do ângulo interno de um pentágono regular.

48 Determine as medidas do ângulo externo e do ângulo interno de um:

a) hexágono regular

b) octógono regular

c) decágono regular

d) dodecágono regular

e) pentadecágono regular

f) icoságono regular

49 Em cada caso é dada a medida do ângulo externo de um polígono regular. Determine o número de lados do polígono.

a) 6°

b) 15°

c) 40°

50 Em cada caso é dada a medida do ângulo interno de um polígono regular. Calcule o número de lados do polígono.

a) 108°

b) 135°

c) 165°

51 Num certo polígono regular o ângulo interno é o quádruplo do ângulo externo. Determine o total de diagonais do polígono.

52 Num polígono regular o ângulo interno excede o externo em 90°. Determine o total de diagonais do polígono.

53 Quantas diagonais passam no centro de um

a. quadrado

b. hexágono regular

c. octógono regular

54 Um polígono regular tem 10 diagonais que passam pelo seu centro. Responda:

a. quantos lados tem o polígono?

b. Qual é o total de diagonais do polígono?

c. Quantas diagonais não passam pelo centro do polígono?

55 Um polígono regular tem soma dos ângulos internos igual a 2160°. Quantas diagonais passam pelo centro do polígono?

56 Um polígono regular tem ângulo interno de 150°. Quantas diagonais não passam pelo centro do polígono?

57 O pentágono abaixo é regular. Determine o valor dos ângulos assinalados.

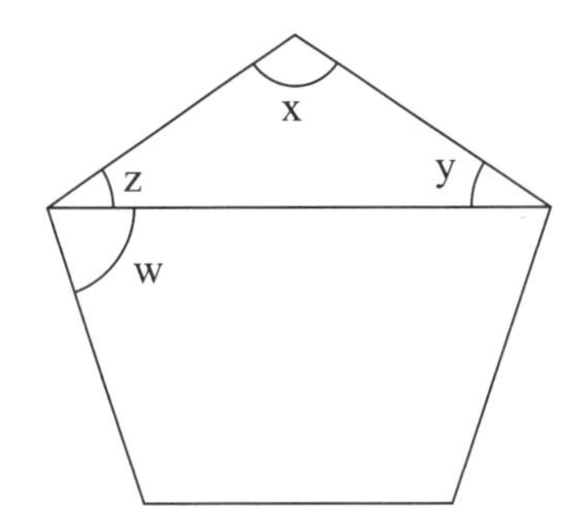

58 O hexágono abaixo é regular. Determine o valor das incógnitas.

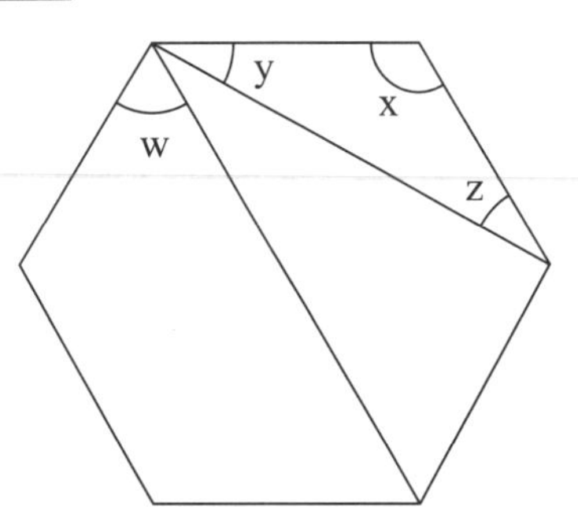

59 O pentágono abaixo é regular. Determine as incógnitas.

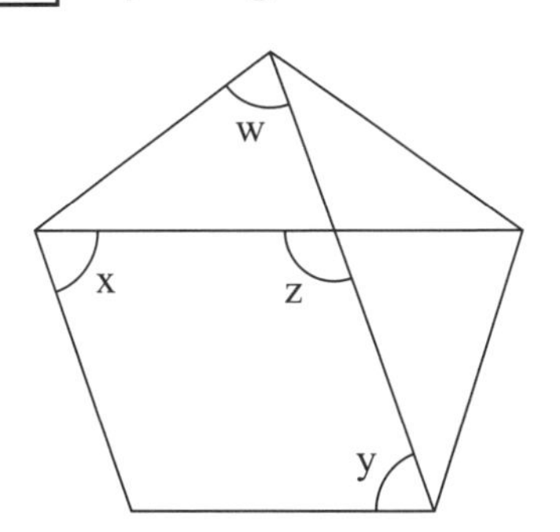

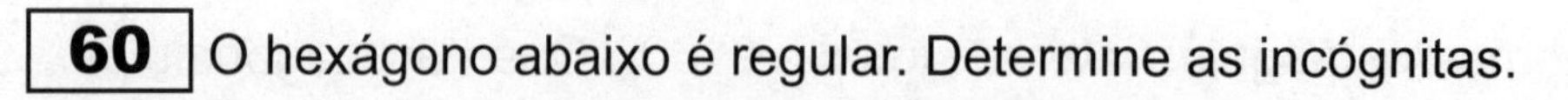

60 O hexágono abaixo é regular. Determine as incógnitas.

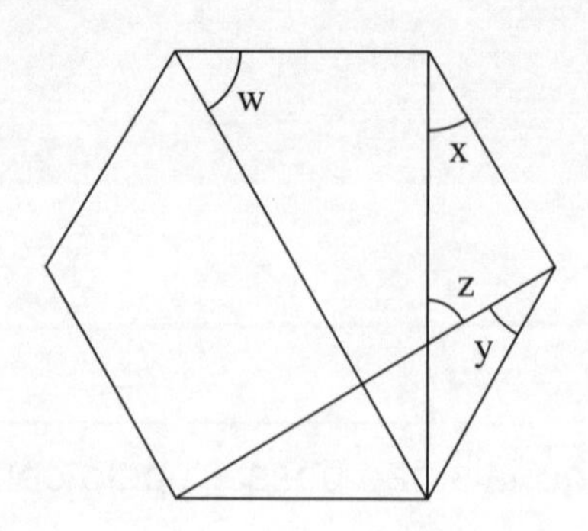

61 Determine as incógnitas nos casos abaixo, sabendo que os pentágonos são regulares e que o triângulo PAB é equilátero.

a)

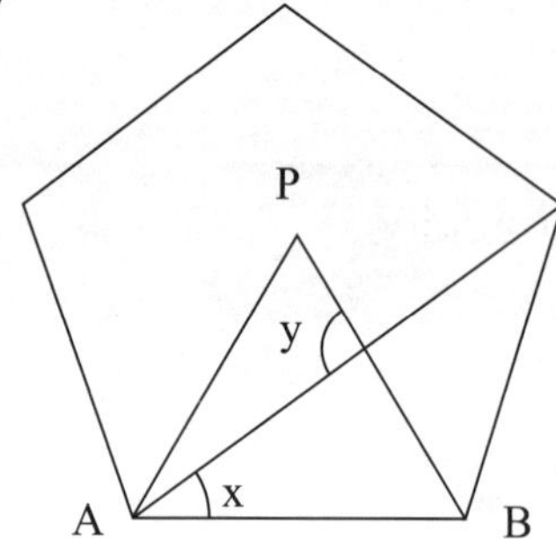

b)

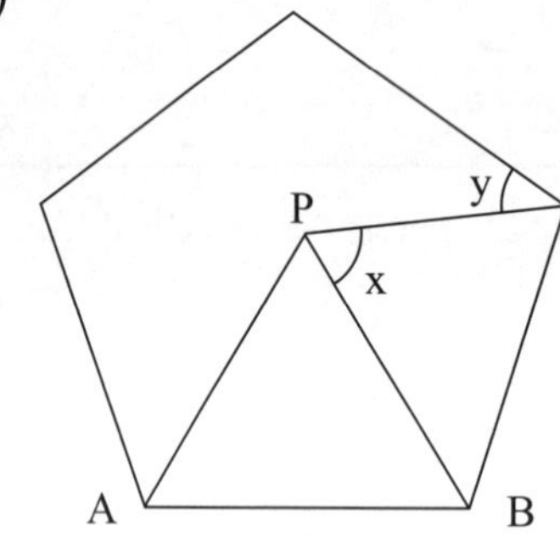

c)

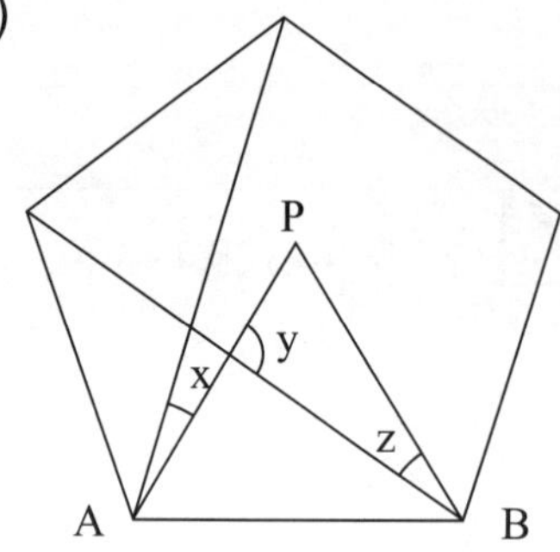

62 Em cada caso abaixo tem-se um pentágono regular e um quadrado. Determine as incógnitas

a)

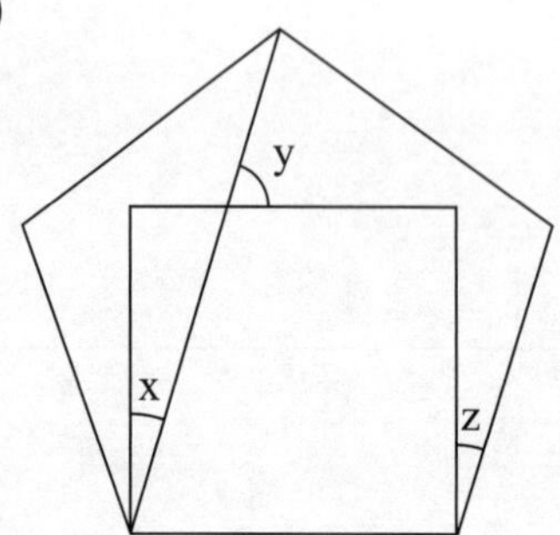

b)

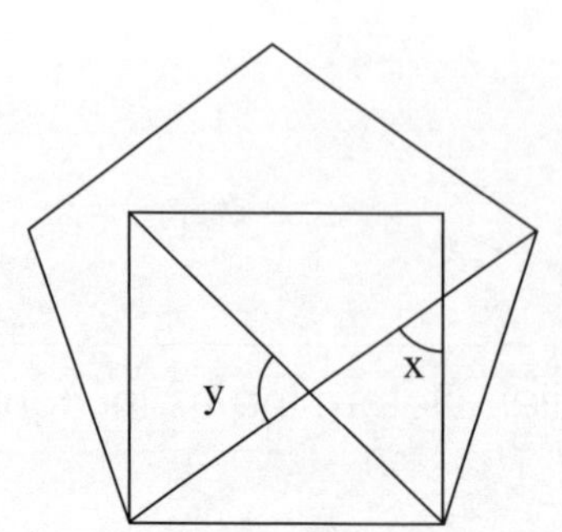

c)

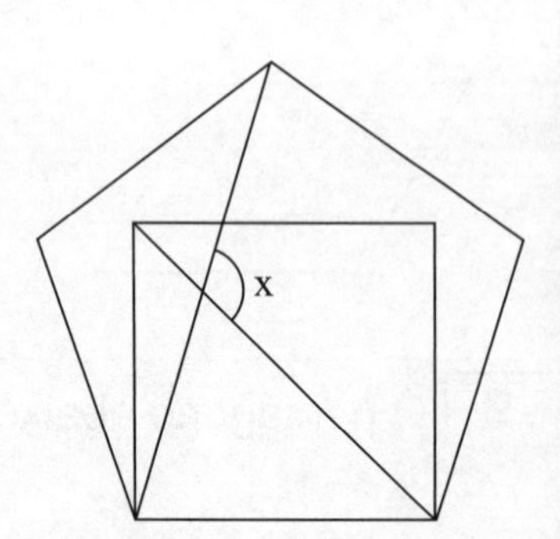

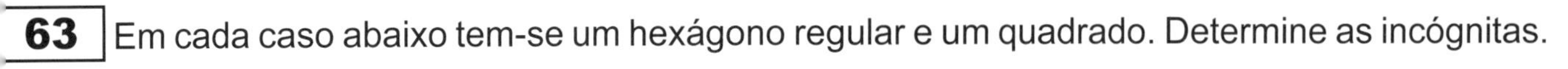

63 Em cada caso abaixo tem-se um hexágono regular e um quadrado. Determine as incógnitas.

a)

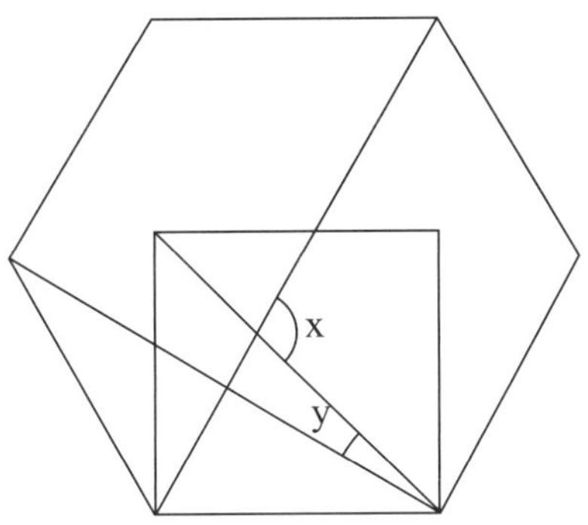

b)

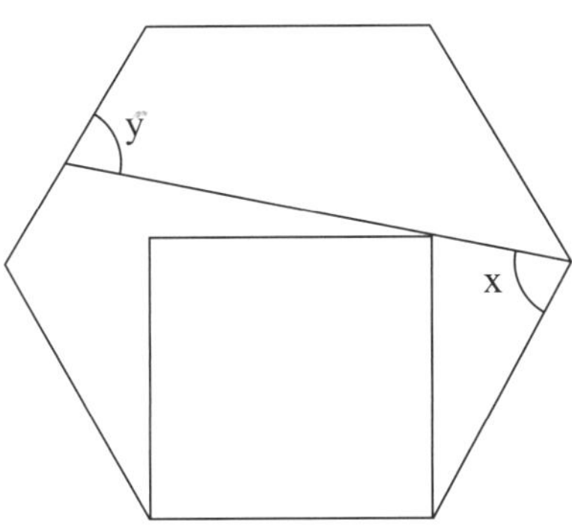

c)

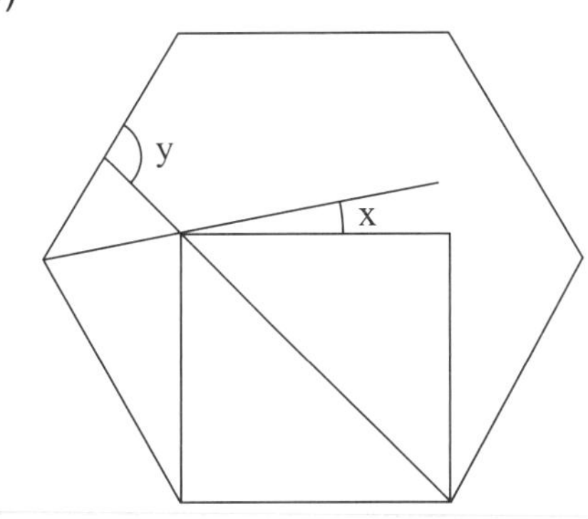

64 Na figura abaixo tem-se um hexágono e um pentágono regulares. Determine x e y.

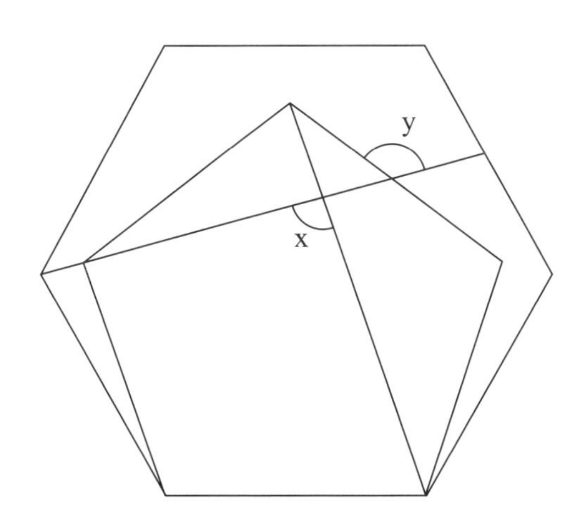

III ÂNGULOS RELACIONADOS COM ARCOS

A) Ângulo central

Definição: ângulo central de uma circunferência é qualquer ângulo cujo vértice seja o centro da circunferência.

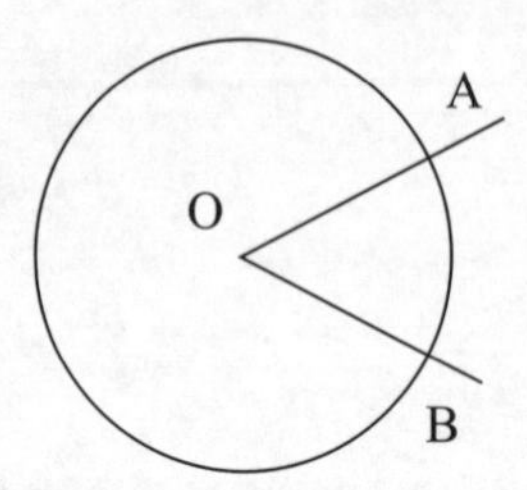

$A\hat{O}B$ é ângulo central

$\overset{\frown}{AB}$ é o arco correspondente a $A\hat{O}B$

B) Medida de um arco

A medida de um arco de circunferência é, por definição, a medida do ângulo central que lhe corresponde.

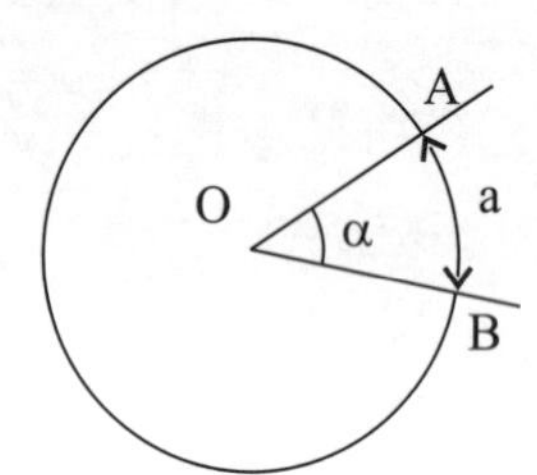

medida de $\overset{\frown}{AB} = \alpha$

(ou, simplesmente, $a = \alpha$)

Observação: não confunda medida de um arco com medida do comprimento de um arco. Na figura abaixo, $\overset{\frown}{AB}$ e $\overset{\frown}{CD}$ são arcos de mesma medida, mas não têm o mesmo comprimento.

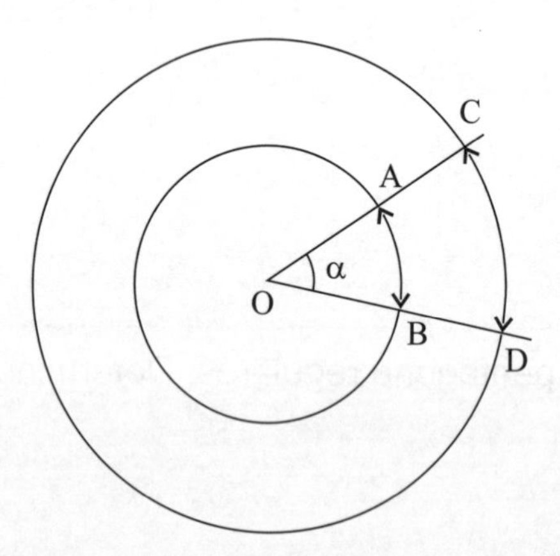

C) Ângulo inscrito

1 – Definição: um ângulo é inscrito numa circunferência se o seu vértice é um ponto dela e se os seus lados contêm, cada um deles, uma corda.

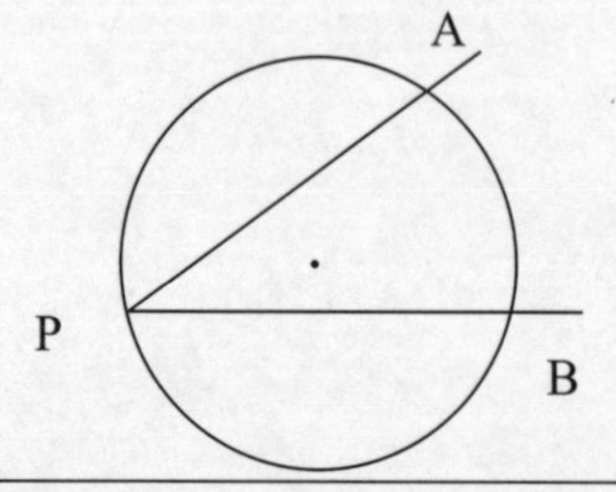

$A\hat{P}B$ é inscrito na circunferência

$\overset{\frown}{AB}$ é o arco correspondente a $A\hat{P}B$

2 – Teorema

T12 O ângulo inscrito numa circunferência mede metade do arco que lhe corresponde.

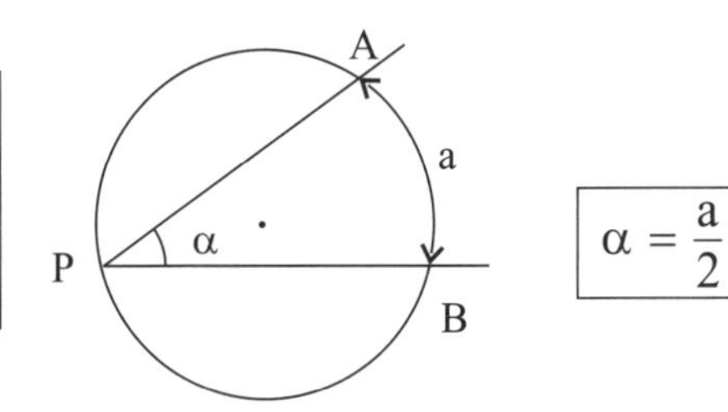

$\alpha = \frac{a}{2}$

Demonstração:

1º caso: um dos lados do ângulo contém o centro da circunferência.
Traça-se o raio OA.

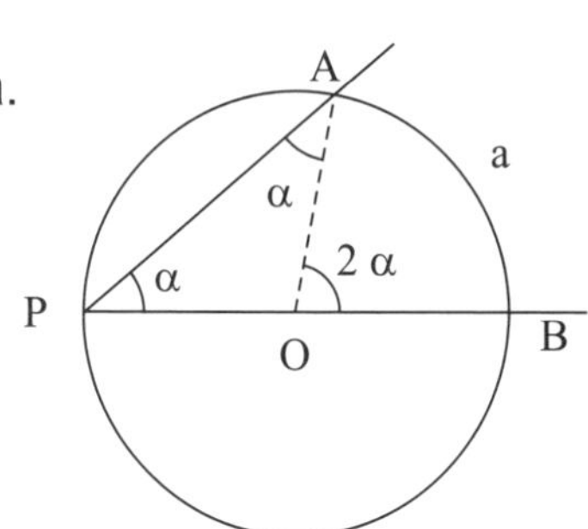

OA = OP $\Rightarrow \Delta$OPA é isósceles $\Rightarrow$ OÂP = α

AÔB é externo ao ΔOAP $\Rightarrow$ AÔB = $\alpha + \alpha = 2\alpha$

Por definição, AÔB = $\widehat{AB}$, ou seja, 2α = a. Daí, $\alpha = \frac{a}{2}$

2º caso: nenhum dos lados do ângulo contém o centro. Basta traçar a reta que passa pelo vértice do ângulo e pelo centro da circunferência e aplicar o 1º caso.

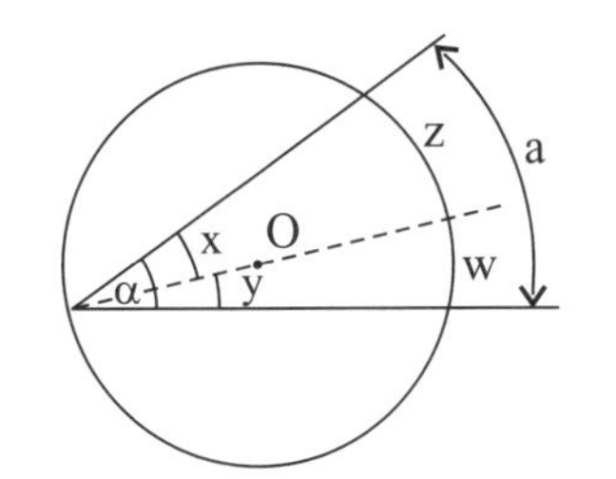

$$\left.\begin{array}{l} x = \frac{z}{2} \\ y = \frac{w}{2} \end{array}\right\} \Rightarrow x + y = \frac{z+w}{2} \Rightarrow \boxed{\alpha = \frac{a}{2}}$$

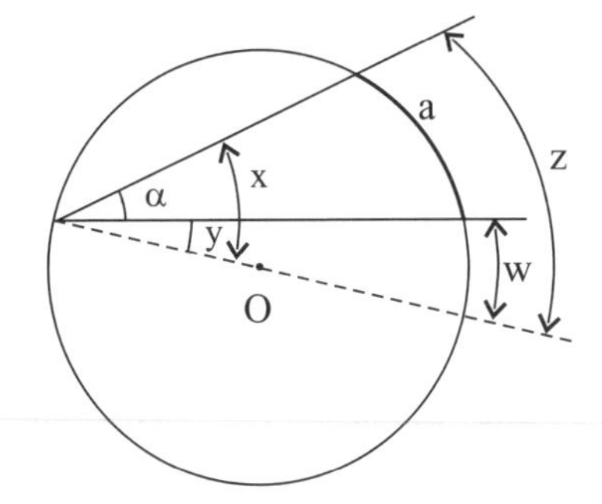

$$\left.\begin{array}{l} x = \frac{z}{2} \\ y = \frac{w}{2} \end{array}\right\} \Rightarrow x - y = \frac{z-w}{2} \Rightarrow \boxed{\alpha = \frac{a}{2}}$$

D) Ângulo semi-inscrito (ou ângulo de segmento)

1 – Definição

Um ângulo é dito ângulo de segmento se seu vértice pertence a uma circunferência, um de seus lados contém uma corda e o outro uma tangente da circunferência.

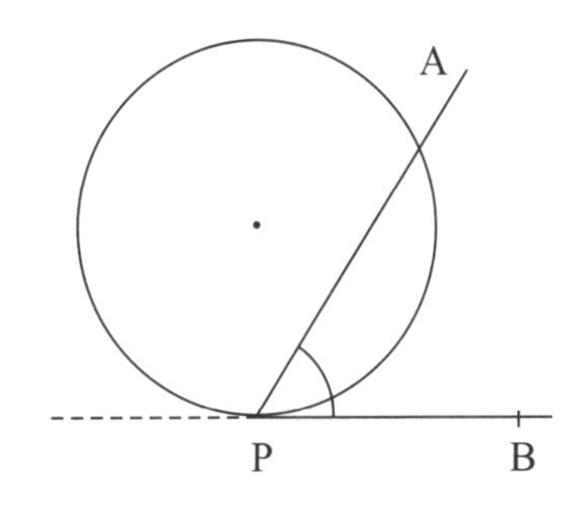

AP̂B : ângulo de segmento

2 – Teorema

T13 O ângulo de segmento mede a metade do arco compreendido entre seus lados.

Demonstração:

Traça-se o diâmetro que tem o vértice do ângulo de segmento como extremidade. Logo $O\hat{P}B = 90°$.

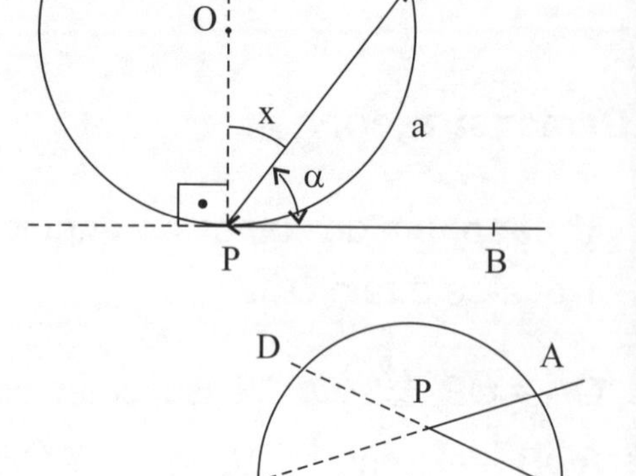

Tem-se.

$$\left.\begin{array}{l} \alpha + x = 90° \Rightarrow x = 90° - \alpha \\ \overset{\frown}{QP} = 180° \Rightarrow 2x + a = 180° \end{array}\right\}$$

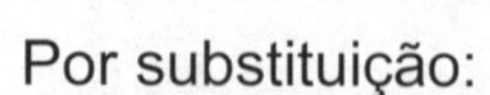

Por substituição:

$$2 \cdot (90° - \alpha) + a = 180° \Rightarrow 180° - 2\alpha + a = 180° \Rightarrow \boxed{\alpha = \frac{a}{2}}$$

E) Ângulo excêntrico interior

1 – Definição

Um ângulo é excêntrico interior a uma circunferência se seu vértice é interior a circunferência mas não é o centro. Na figura, $A\hat{P}B$ é excêntrico interior.

2 – Teorema

T14 A medida de um ângulo excêntrico interior é igual a média aritmética dos arcos compreendidos entre seus lados e entre os lados do seu oposto pelo vértice.

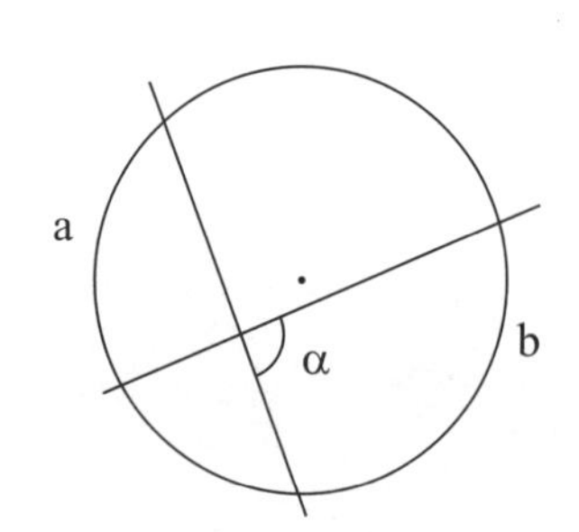

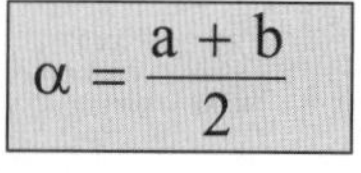

$$\alpha = \frac{a + b}{2}$$

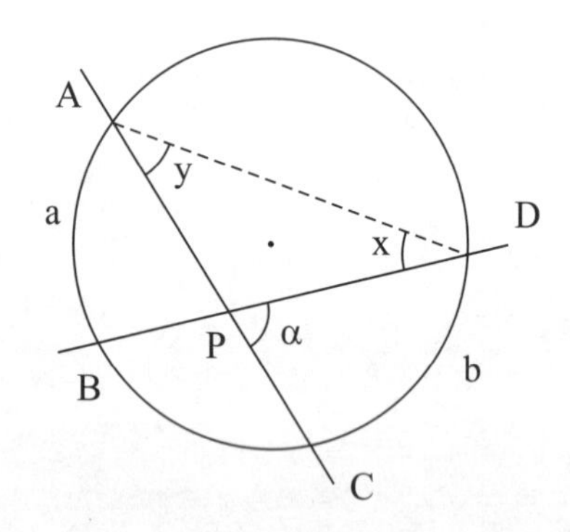

Demonstração:

Traça-se a corda $\overline{AD}$.

Como α é externo do Δ PAD, segue que $\alpha = x + y$.

Como x e y são inscritos, tem-se

$$\alpha = x + y \Rightarrow \alpha = \frac{a}{b} + \frac{b}{2} \Rightarrow \boxed{\alpha = \frac{a + b}{2}}$$

F) Ângulos excêntricos exteriores

1 – Definição: Um ângulo é excêntrico exterior de uma circunferência se seu vértice está na região externa à circunferência e seus lados têm ponto em comum com a mesma.

a. secantes

b. secante e tangente

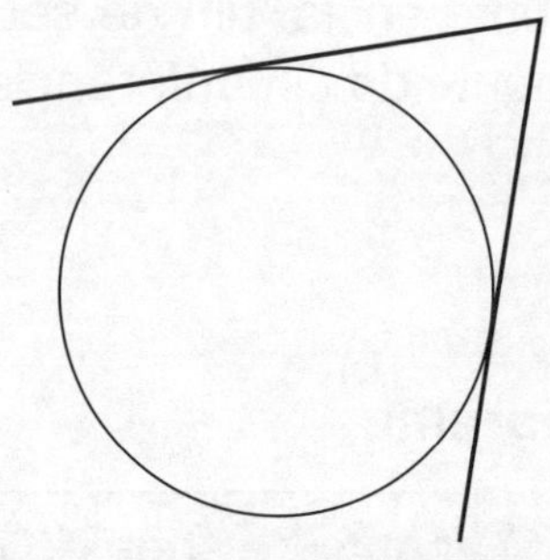

c. tangentes

2 – Teorema

T15 O ângulo excêntrico exterior mede metade da diferença dos arcos compreendidos entre seus lados.

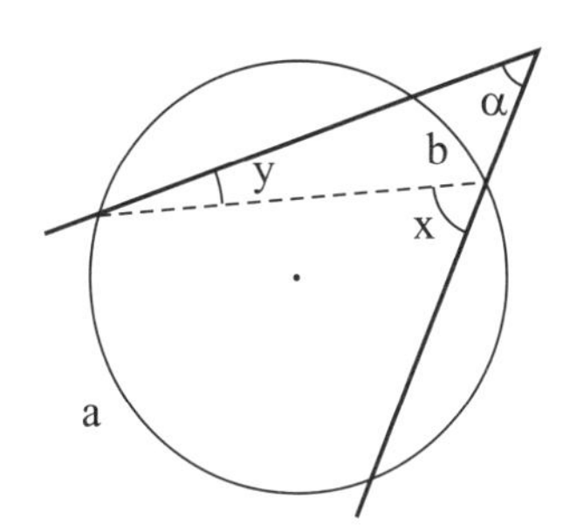

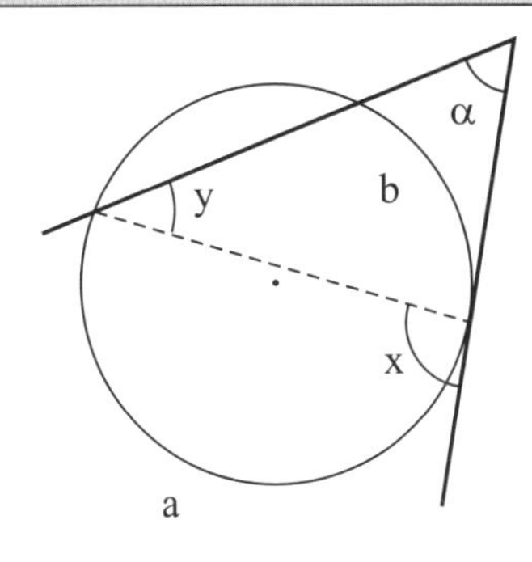

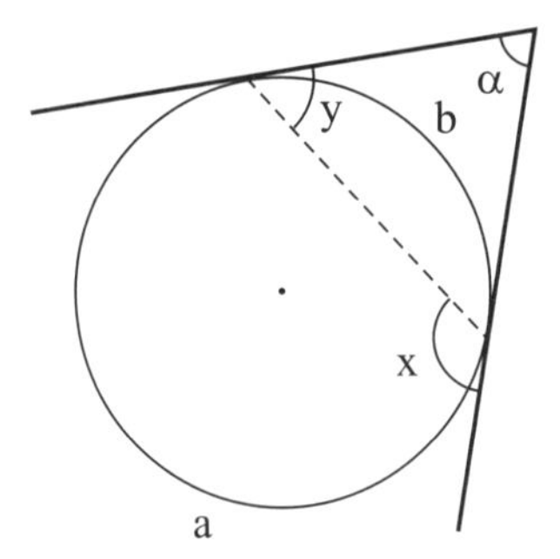

Nos três casos, tem-se $x = \frac{a}{2}, y = \frac{b}{2}$ e $x = \alpha + y$

Logo, $\alpha + y = x \Rightarrow \alpha + \frac{b}{2} = \frac{a}{2} \Rightarrow$ $\boxed{\alpha = \frac{a - b}{2}}$

G) Quadrilátero inscrito

1 – Teorema

T16 Se um quadrilátero está inscrito em uma circunferência, então seus ângulos opostos são suplementares.

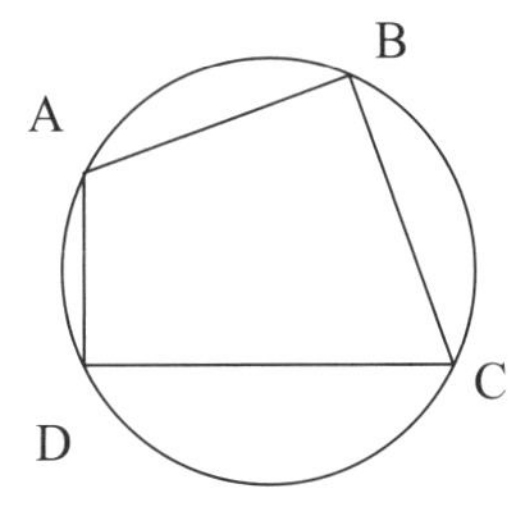

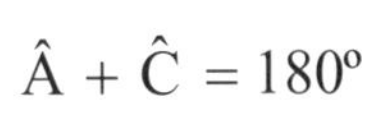

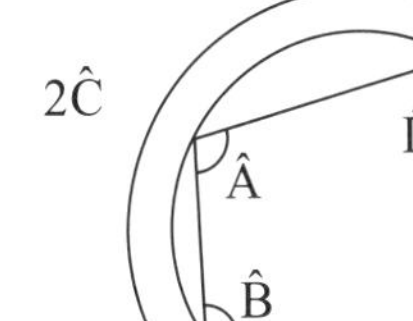

Demonstração:

$2\hat{A} + 2\hat{C} = 360^\circ$

$\therefore\ \hat{A} + \hat{C} = 180^\circ$

Analogamente,

2 – Teorema

T17 Se dois ângulos opostos de um quadrilátero são suplementares, então o quadrilátero é inscritível.

Demonstração: se dois ângulos são suplementares, os outros dois também serão, porque a soma dos ângulos internos do quadrilátero é 360°. Como três pontos não colineares sempre estão em uma circunferência, consideremos a que passa por A , B e C. Suponhamos que ela não passe por D.

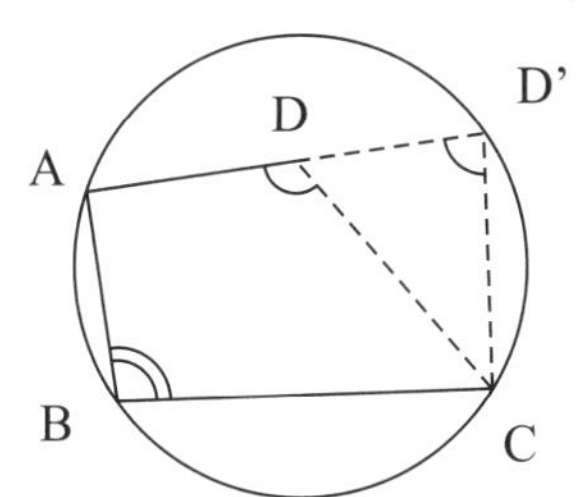

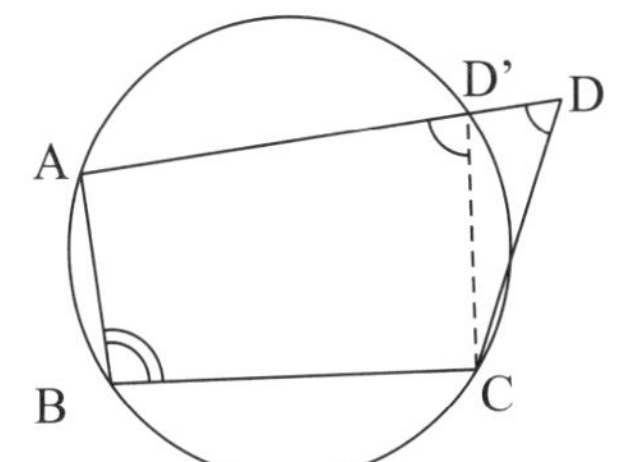

Ou D está no interior ou D está no exterior da circunferência. Seja D' o ponto em que a reta AD encontra a circunferência. Então = 180°, por hipótese e = 180°, pelo teorema anterior. Logo , o que é absurdo, pois em qualquer triângulo, cada ângulo externo é maior do que cada interno que não lhe seja adjacente. E isto não estaria se cumprindo no Δ CDD'. O absurdo ocorreu por supormos que D não estivesse na circunferência. Logo, o quadrilátero é inscrito.

Resolvido 11 Calcule x, y e z na figura abaixo.

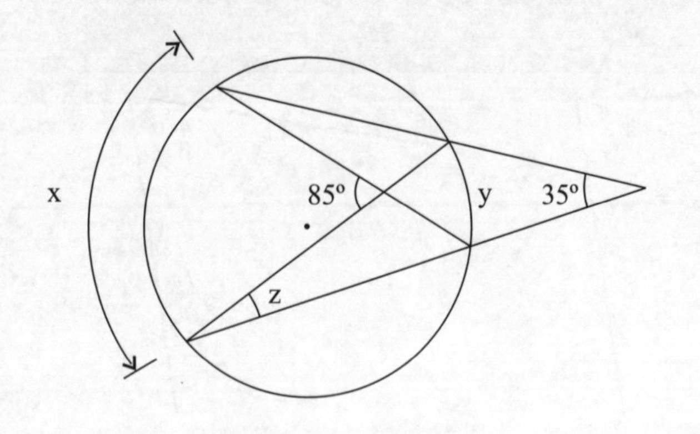

Solução:

$$\left.\begin{array}{l} \frac{x+y}{2} = 85^o \Rightarrow x+y=170^o \\ \frac{x-y}{2} = 35^o \Rightarrow x-y=70^o \end{array}\right\}$$

Resolvendo o sistema vem $x = 120^o, y = 50^o$

z é inscrito $\Rightarrow z = \frac{y}{2} \Rightarrow z = \frac{50^o}{2} \Rightarrow z = 25^o$

Resposta: x = 120º , y = 50º , z = 25º

65 Determine o valor das incógnitas nos casos abaixo (Obs.: o ponto “O” é o centro das circunferências).

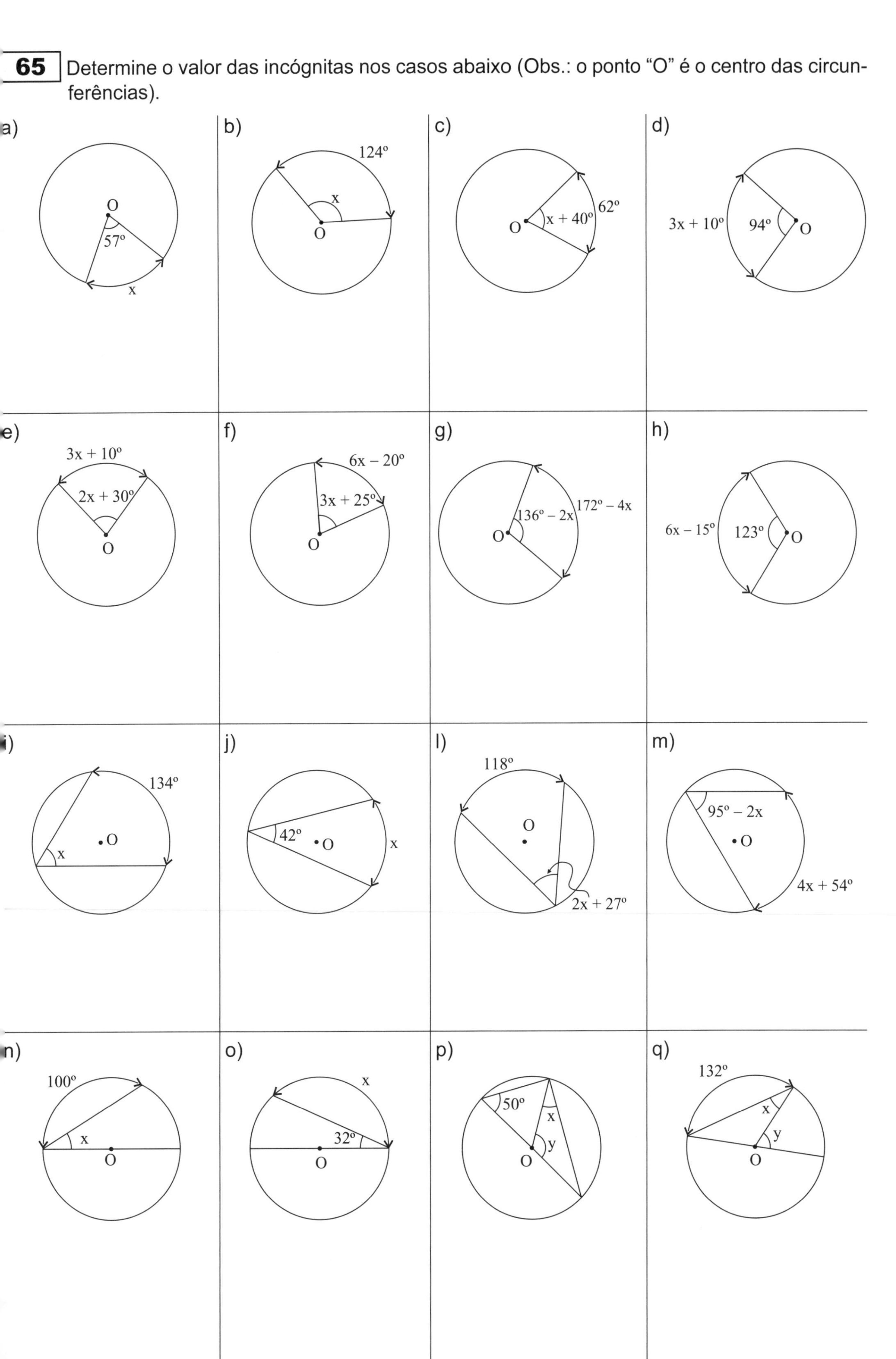

66 Determine as incógnitas nos casos abaixo (Obs.: o ponto "O" é o centro das circunferências)

a) 156º, x, y, O

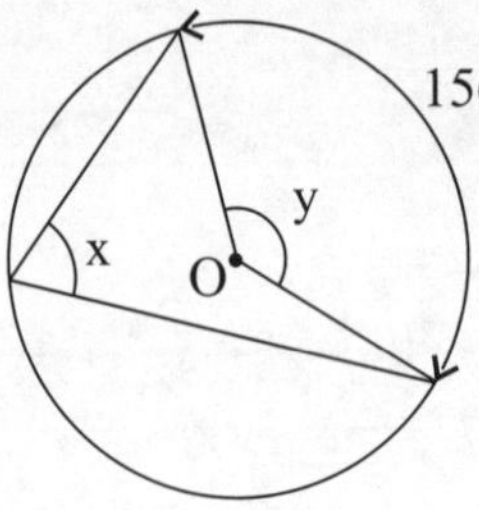

b) x, O, 134º

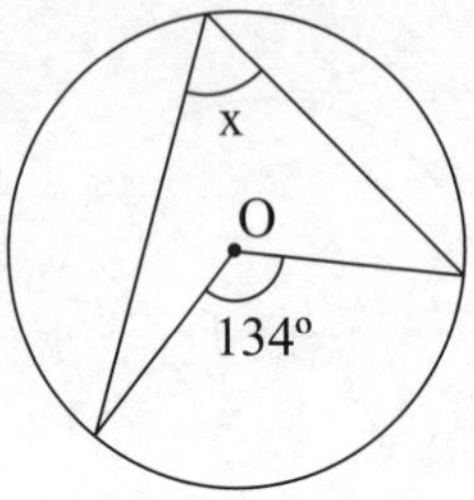

c) 92º, x, y, O

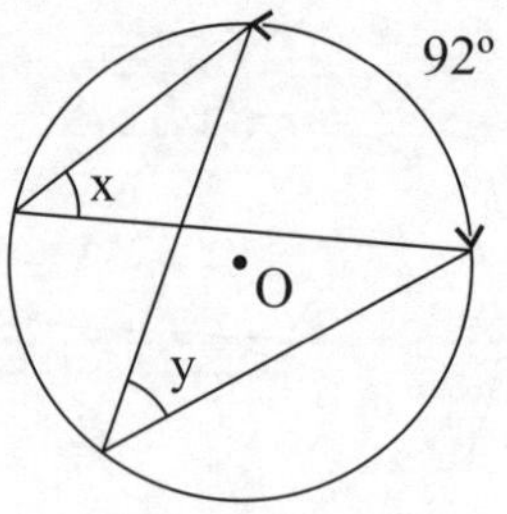

d) x, O

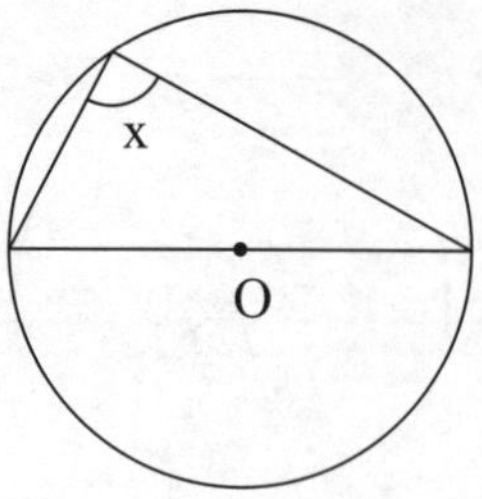

e) 134º, x, O, 62º

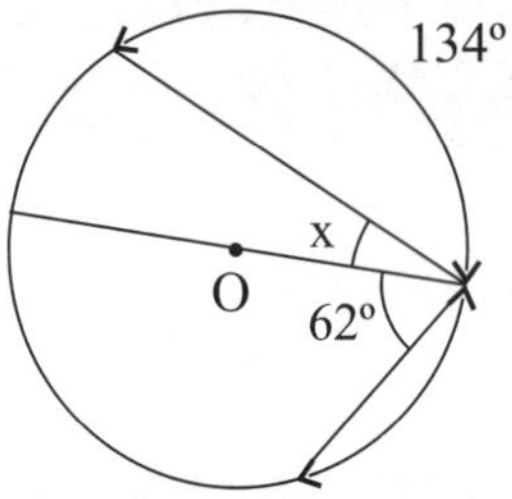

f) x, O, 60º

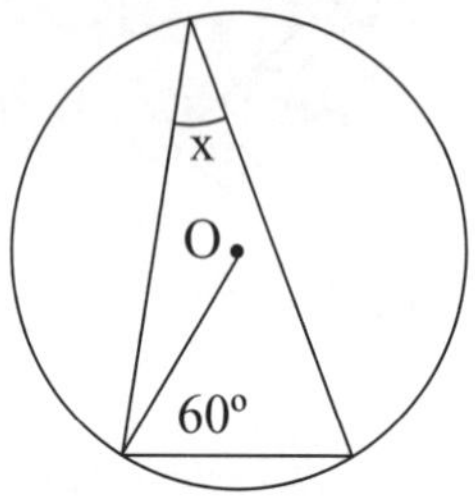

g) x, 36º, O

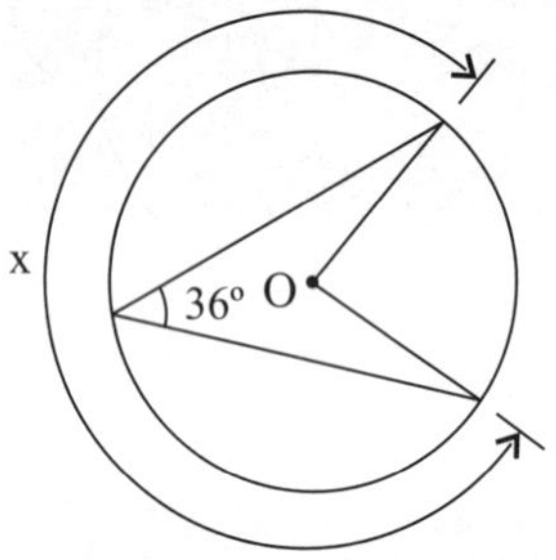

h) 78º, x, O, 64º, y

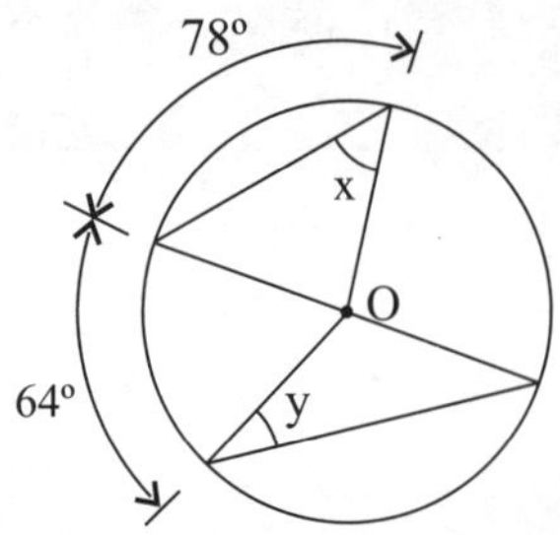

i) 94º, 82º, y, O, x

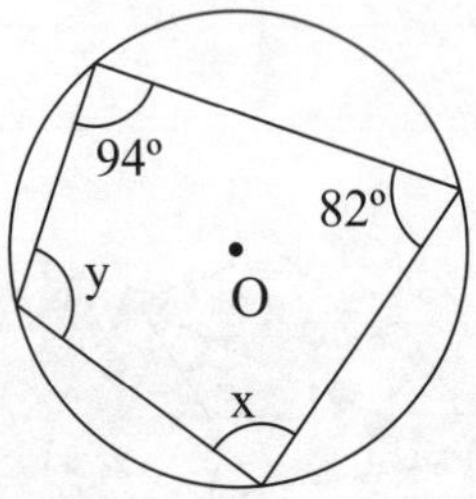

j) 4x + 20º, 82º, O, 3y + 11º, 72º

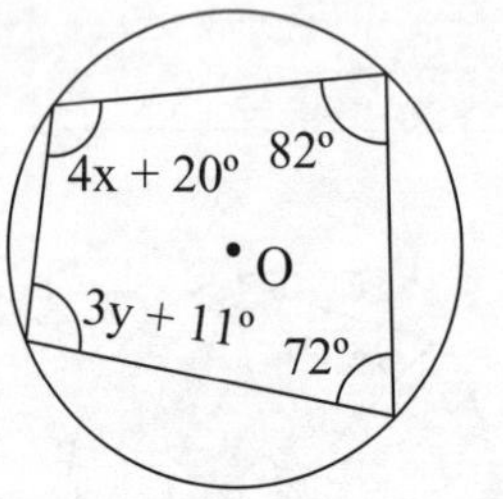

l) 102º, O, 110º, 5y + 13º, 112º – 2x

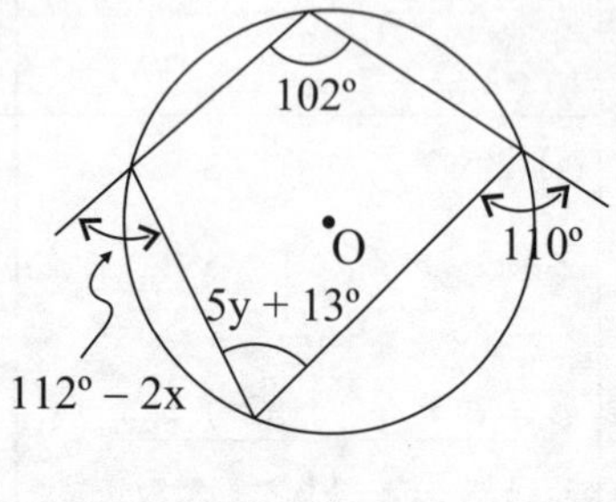

m) 8x, O, 4y + 30º, 4x + 30º, 5y

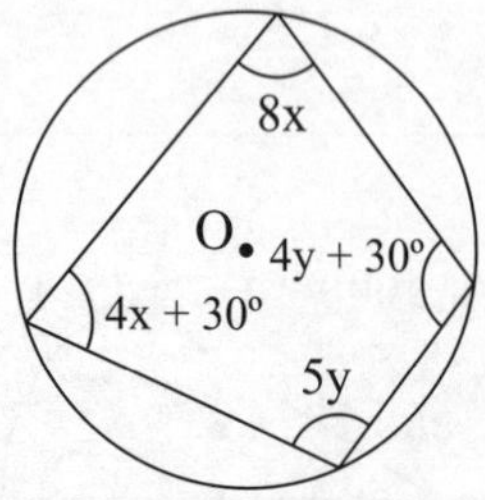

67 Determine os valores dos ângulos assinalados (Obs.: o ponto “O” é o centro das circunferências).

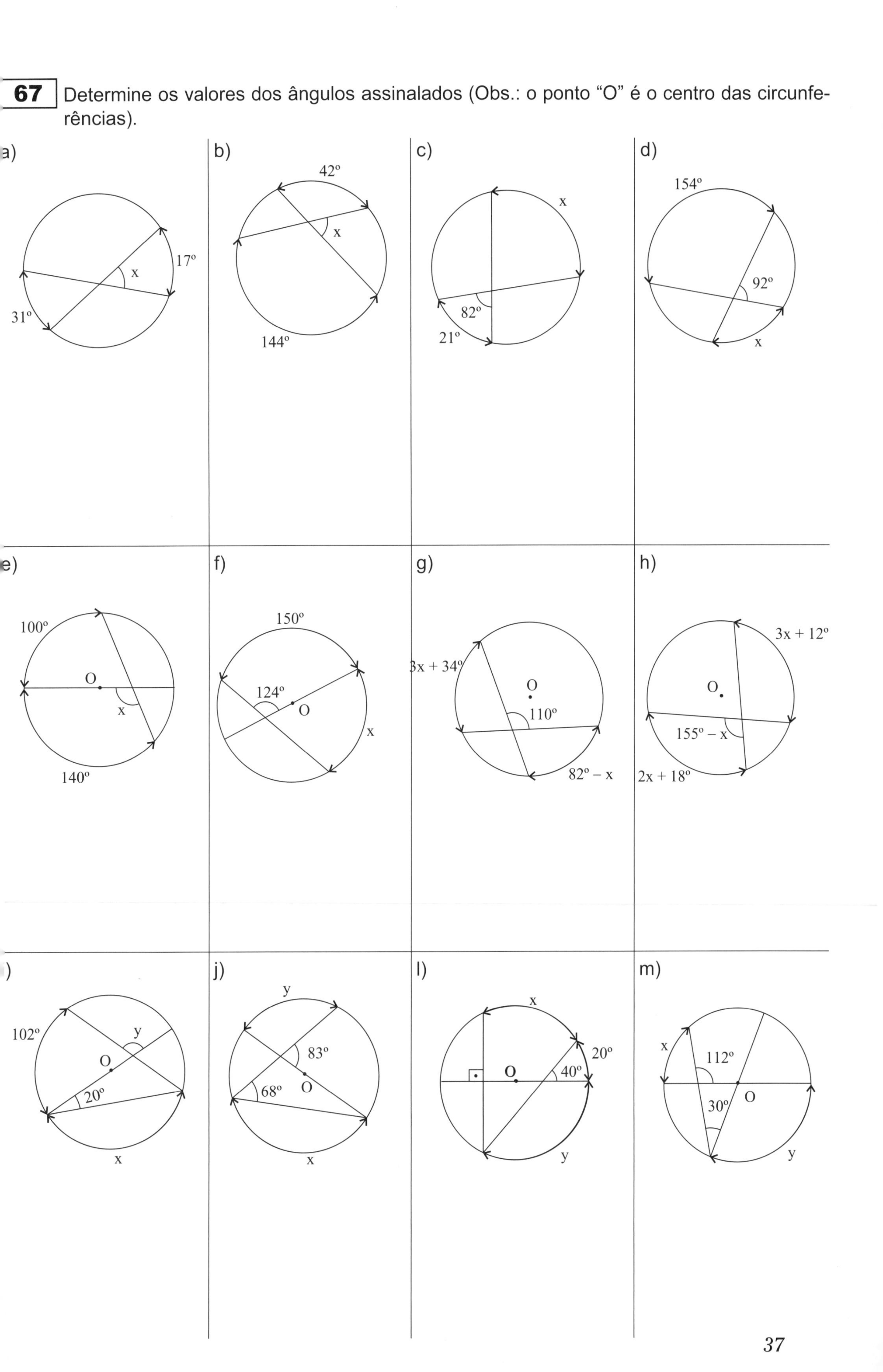

68 Determine as incógnitas nas figuras abaixo.

a)

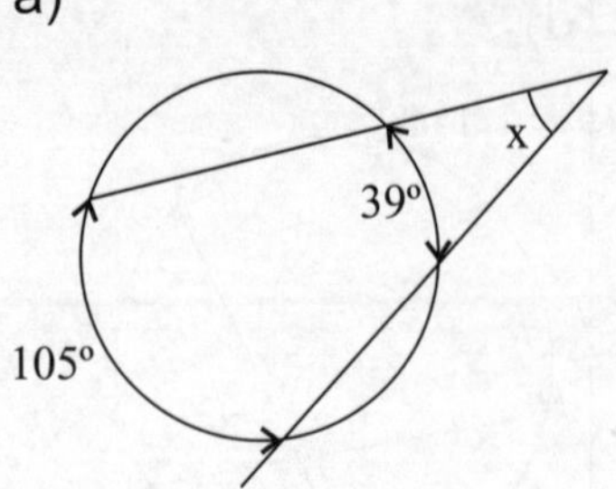

b)

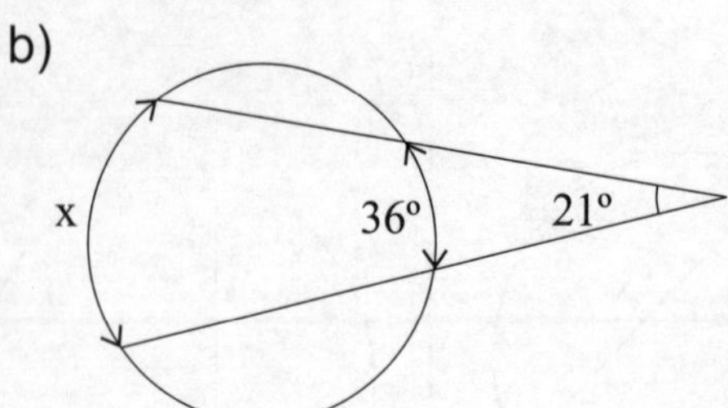

c)

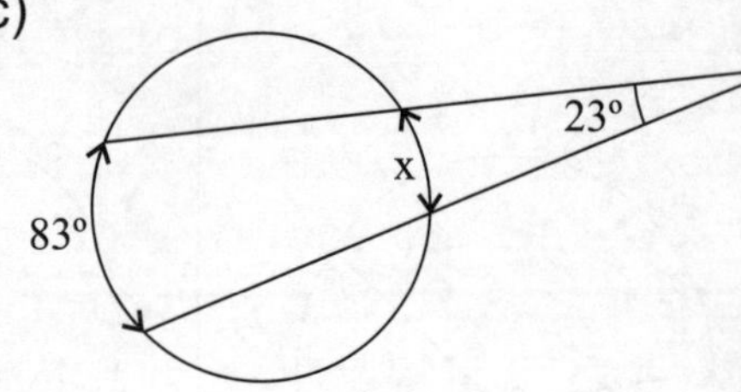

d)

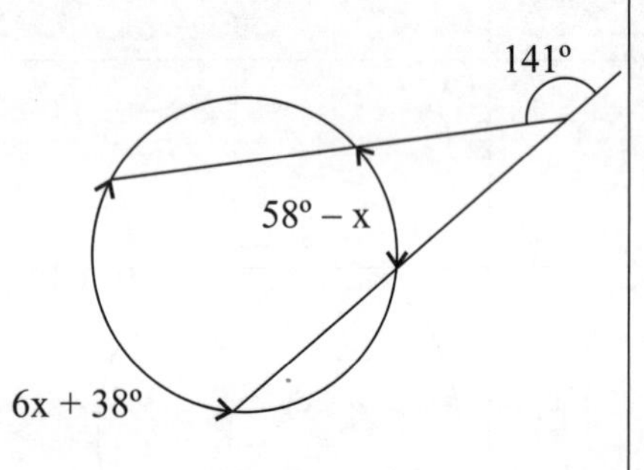

e)

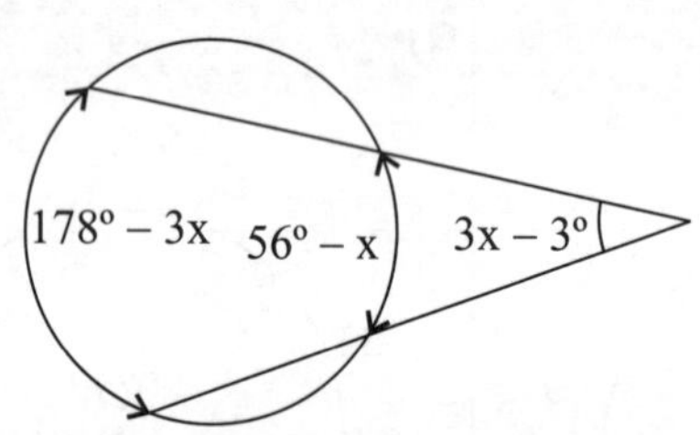

f)

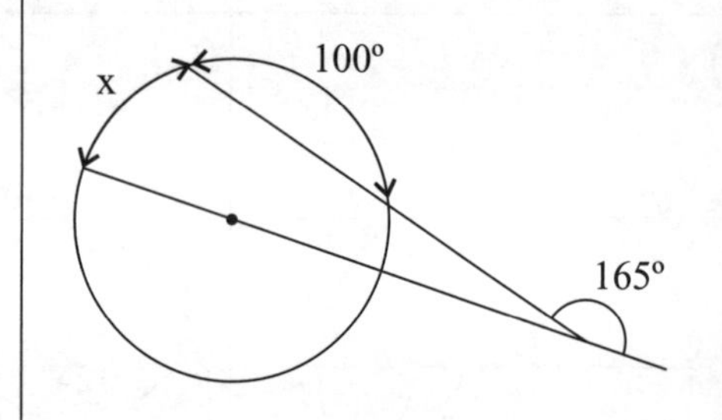

g)

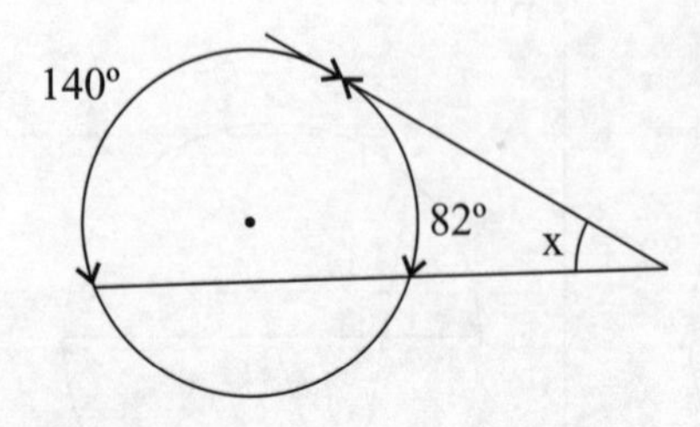

h)

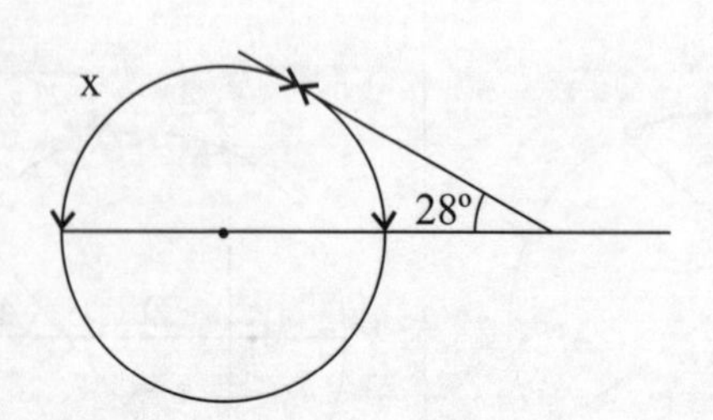

i)

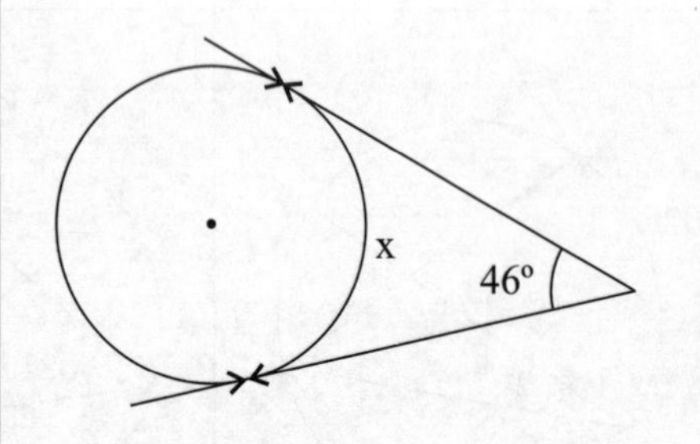

69 Determine as incógnitas nos casos abaixo.

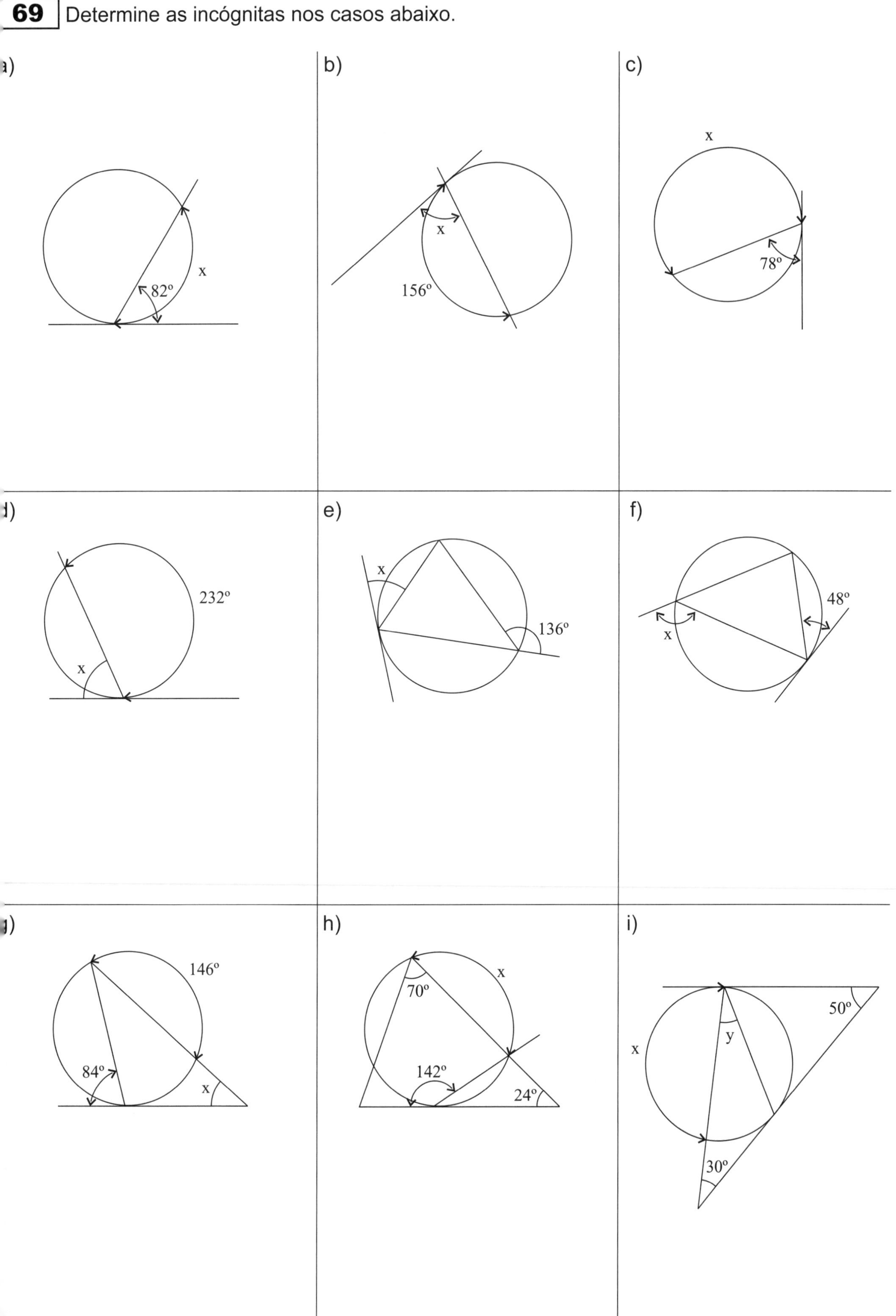

70 Determine as incógnitas nos casos abaixo.

a)

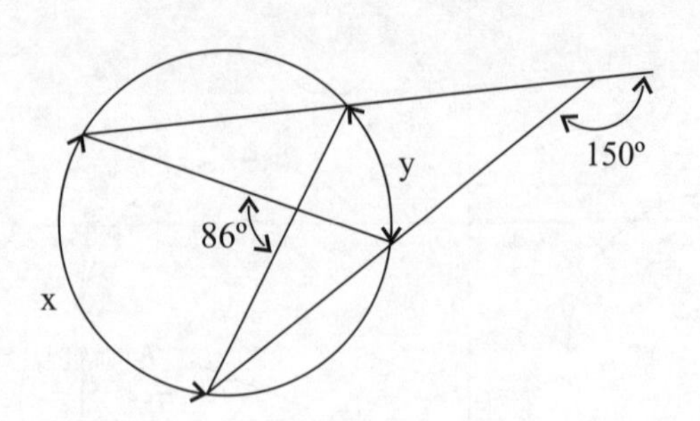

b)

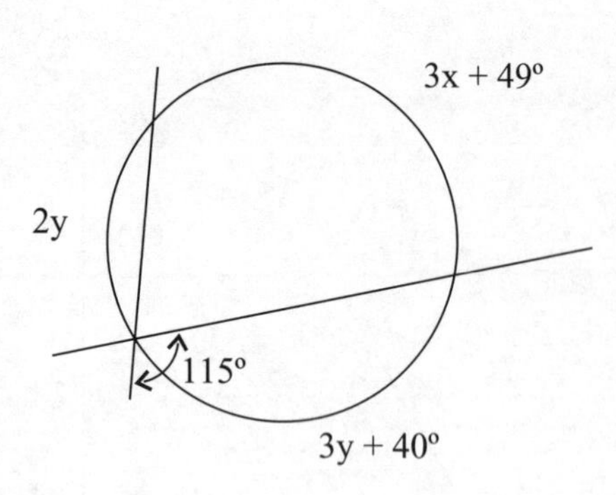

c)

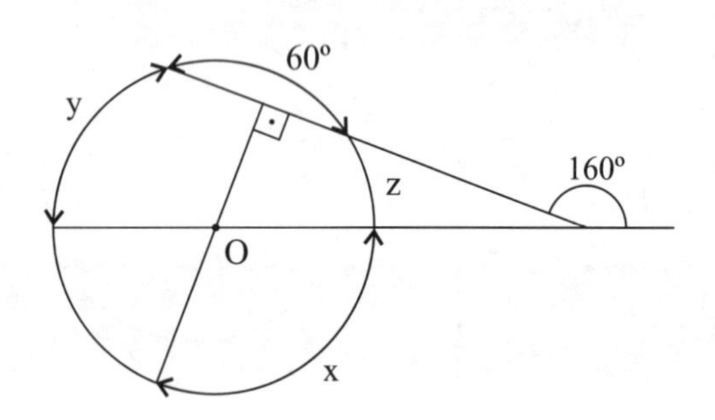

d)

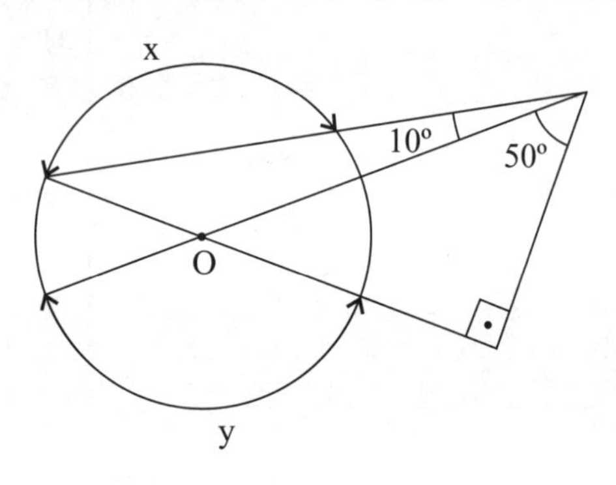

e)

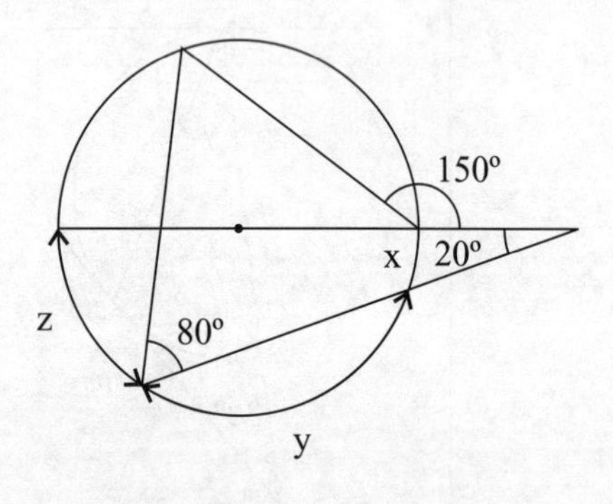

f)

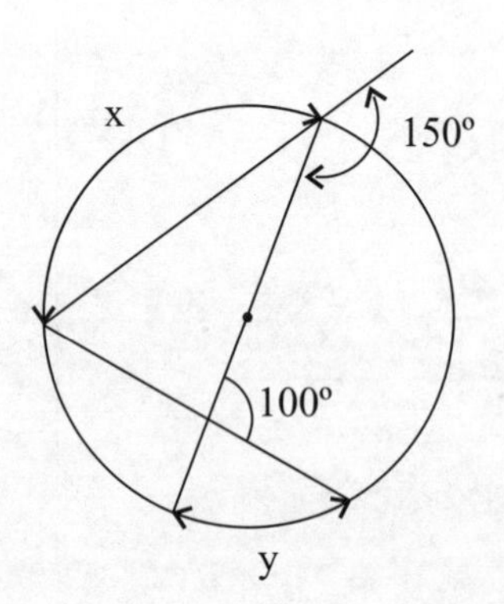

Resp: **01** a) 5 b) x = 2 = y ; z = 4 c) x = y = z = 16 d) x = y = 10 e) 7 f) 3 g) 5 h) x = 10 ; y = 7 i) x = 5 , y = 3 , z = 8 j) 8 l) x = y = 52 ; z = 28 m) x = 12 , y = 13

02 a) 3 b) x = 5 ; y = 7 ; z = 11 c) 32 d) 8 e) 13 f) 2 g) 10 h) 124 i) x = y = 11 j) 8 l) 50 m) 14

03 a) 18 b) 30 c) 15 d) 4

04 a) 4 b) x = 2 , y = 5 c) x = 5, y = 12 , z = 7 d) 4

05 140 cm

06 60°

07

maior
O
P
C
menor

08 108 cm **09** 26 m **10** 12 m **11** 56 cm **12** 4 m **13** 26 cm

14 4 m **15** 18 cm **16** 2 m **17** 25 cm **18** 20 cm **19** 20 cm

20 258 m **21** 180 cm **23** 6 **24** 2 cm , 6 cm e 14 cm **25** 30 cm

26 38 cm **27** a) 111° b) 119° c) 130° d) 92 ° e) 135° f) 46° g) 20° h) 52° i) 30°

28 a) 1260° b) 1800° c) 2340° **29** decágono **30** 20 **31** 18 **32** octógono e hexágono

33 decágono e tetradecágono **34** hexágono e eneágono **35** heptágono e decágono

36 decágono e pentadecágono **37** a) 35 b) 44 c)170 **38** a) 5 b) 12 c) 17 **39** 17 **40** 1800°

41 eneágono **42** undecágono **43** 35 **44** 54 **45** 77

46 pentágono e heptágono **47** $a_i = 108°$, $a_e = 72°$ **48** a) 60° e 120° b) 45° e 135° c) 36° e 144° d) 30° e 150° e) 24° e 156° f) 18° e 162°

49 a) 60 b) 24 c) 9 **50** a) 5 b) 8 c) 24

51 35 **52** 20 **53** a) 2 b) 3 c) 4 **54** a) 20 b) 170 c) 160 **55** 7 **56** 48

57 x = 108° ; y = 36° ; z = 36° ; w = 72° **58** x = 120° ; y = z = 30° ; w = 60° **59** x = y = 72° ; z = 108° ; w = 72°

60 x = y = 30° ; z= w = 60° **61** a) x = 36° ; y = 96° b) x = 66° ; y = 42° c) x = 12° ; y = 96° ; z = 24°

62 a) x = 18° ; y = 72° ; z = 18° b) x = 54° ; y = 81° c) x = 117° **63** a) x = 105° ; y = 15° b) x = y = 75° c) x = 15° ; y = 105°

64 x = 84° ; y = 120° **65** a) 57° b) 124° c) 22° d) 28° e) 20° f) 15° g) 18° h) 23° i) 67° j) 84° l) 16° m) 17° n) 40° o) 116° p) x = 40°; y = 100° q) x = 24° ; y = 48°

66 a) x = 78° ; y = 156° b) x = 67° c) x = y = 46° d) x = 90° e) x = 23° ; y = 56° f) x= 30° g) x = 288° h) x = 51° ; y = 32° i) x = 86° ; y = 98° j) x = 22° ; y = 29° l) x = 21° ; y = 13° m) x = 10° ; y = 20°

67 a) x = 25° b) x = 87° c) x = 143° d) x = 22° e) x = 110° f) x= 82° g) x = 12° h) x = 40° i) x = 140° ; y = 109° j) x = 150° ; y = 44° l) x = 100° ; y = 120° m) x = 38° ; y = 98°

68 a) 33° b) 78° c) 37° d) 14° e) 16° f) 55° g) 29° h) 118° i) 134° **69** a) 164° b) 78° c) 204° d) 64° e) 44° f) 132° g) 61° h) 96° i) x = 160° ; y = 35°

70 a) x= 116° ; y = 56° b) x= 27° ; y = 38° c) x = 110° ; y = 80° ; z = 40° d) x = 120° ; y = 140° e) x = 40° ; y = 60° ; z = 80° f) x = 120° ; y = 40°

IV CONSTRUÇÕES GEOMÉTRICAS

Lugares geométricos

1) Circunferências com uma corda comum

O l.g. dos centros de todas as circunferências que têm uma corda AB em comum, é a mediatriz desta corda.

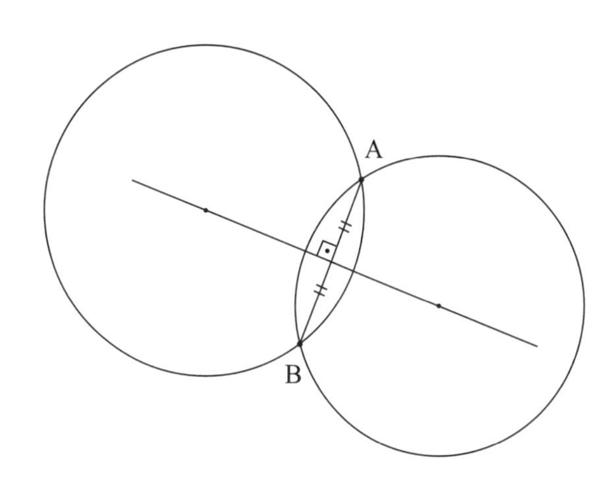

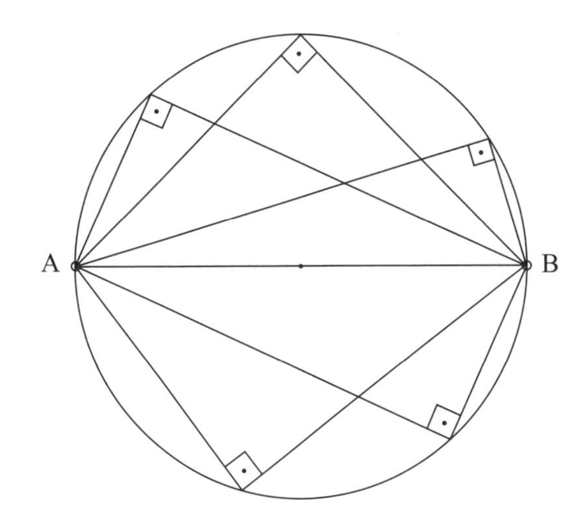

2) Arco capaz de ângulo reto

Dado um segmento AB , o l.g. dos pontos que vêem este segmento sob ângulo reto é uma circunferência, fora os pontos A e B, de diâmetro $\overline{AB}$. Cada semi-circunferência de diâmetro AB é chamada **arco capaz** de 90º, sobre o segmento AB (arco capaz dos pontos que vêem $\overline{AB}$ sob ângulo reto).

3) Pontos médios de cordas congruentes

Dadas uma circunferência de centro O e raio r e uma corda de comprimento c , desta circunferência, o lugar geométrico dos pontos médios de todas as cordas desta circunferência que têm comprimento c é uma circunferência de centro O e raio OM , onde M é o ponto médio de uma dessas cordas.

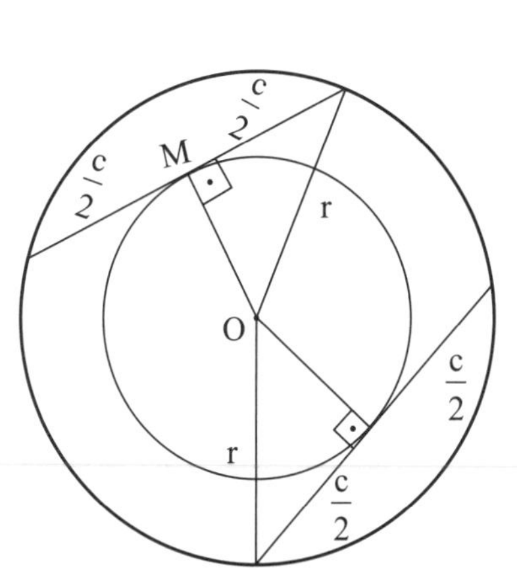

4) Pontos médios de cordas contidas em retas concorrentes num mesmo ponto

Dados um ponto P e uma circunferência de centro **O**, o l.g. dos pontos médios das cordas, desta circunferência, contidas em retas que passam por **P** é:

I – Uma circunferência de diâmetro OP se P está na circunferência ou é interno a ela

II – Um arco de circunferência $\overset{\frown}{AB}$, de diâmetro OP , contido no círculo.

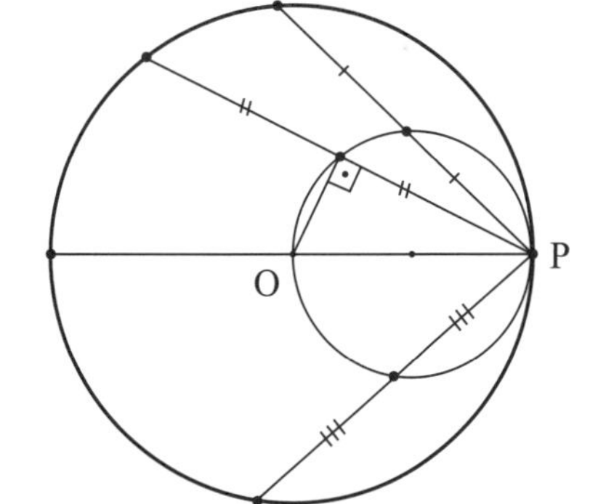

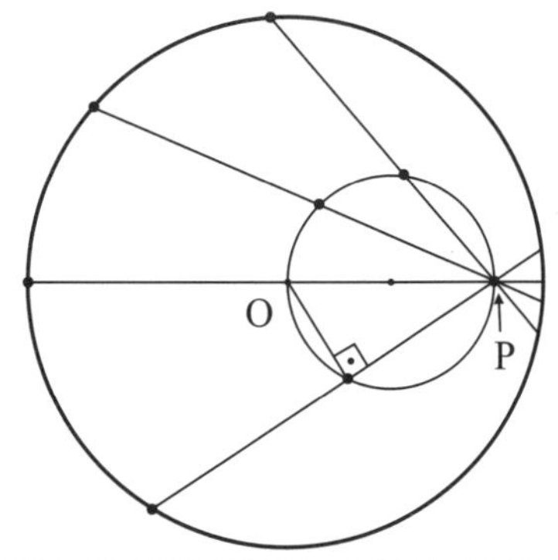

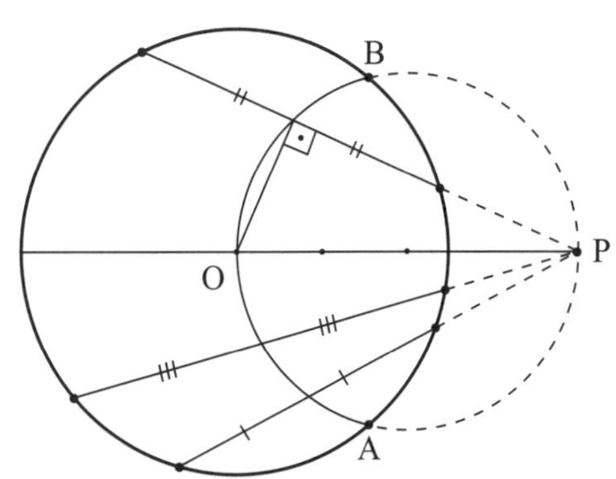

5) Segmentos Tangentes congruentes

Dados um segmento de comprimento c e uma circunferência **f** de centro **O** e raio **r** , o l.g. das extremidades de todos os segmentos que têm a outra extremidade em **f** , têm comprimento c e são tangentes a **f** é uma circunferência de centro O e raio OP onde P é a extremidade fora de **f** de um daqueles segmentos.

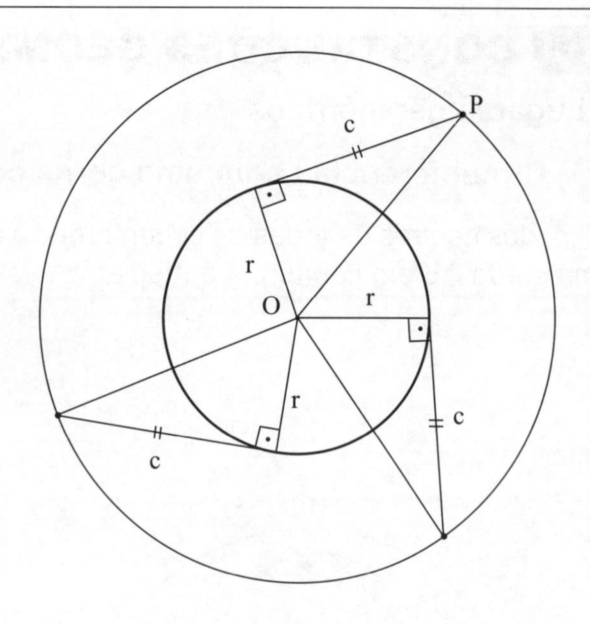

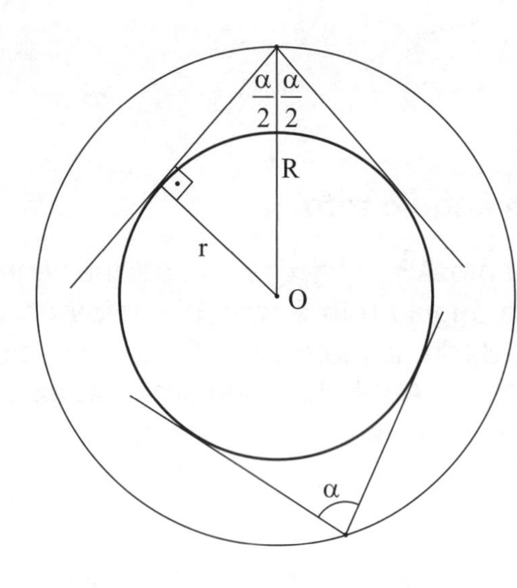

6) Pontos que vêem uma circunferência dada sob ângulo α dado

Dados um ângulo α e uma circunferência **f** de centro **O** e raio r , o l.g. dos pontos que vêem f sob ângulo α é uma circunferência de centro **O** e raio **R** , onde **R** é a hipotenusa de um triângulo retângulo que tem um cateto **r** e o ângulo oposto igual a $\frac{\alpha}{2}$.

7) Centros das circunferências que tangenciam uma reta num mesmo ponto

Dados uma reta **t** e um ponto **P** dela, o l.g. dos centros das circunferências que tangenciam **t** em **P** é a reta **s** , menos o ponto **P** , que passa por P é perpendicular a t .

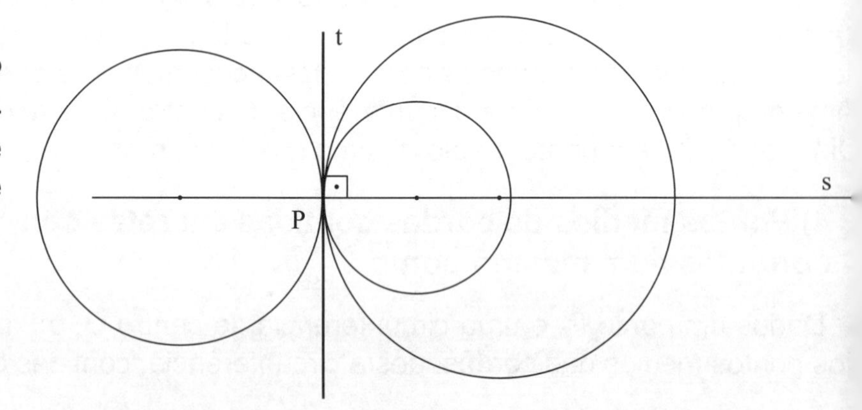

8) Centros das circunferências congruentes que tangenciam uma reta dada

Dados uma reta **t** e um comprimento **r** , o l.g. dos centros das circunferências que têm raio **r** e tangenciam **t** é a união das retas a e b paralelas a **t** , distantes **r** de **t** .

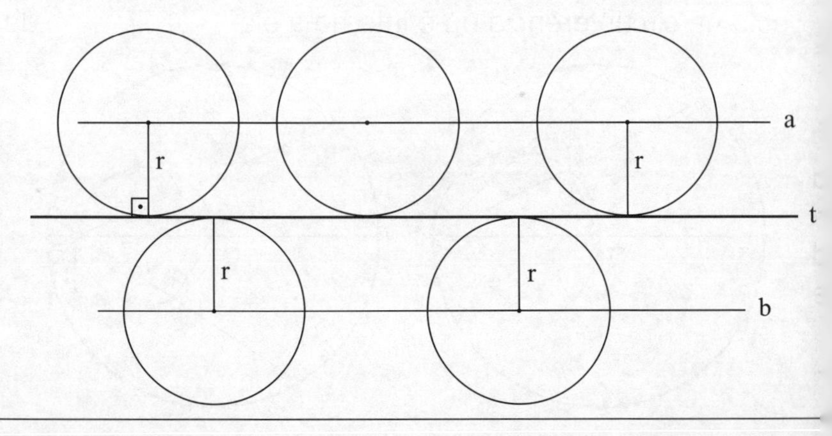

9) Centros das circunferências que tangenciam duas retas paralelas dadas

Dadas duas retas paralelas a e b, o l.g. dos centros das circunferências que tangenciam a e b é a reta s paralela a ambas, equidistante delas.

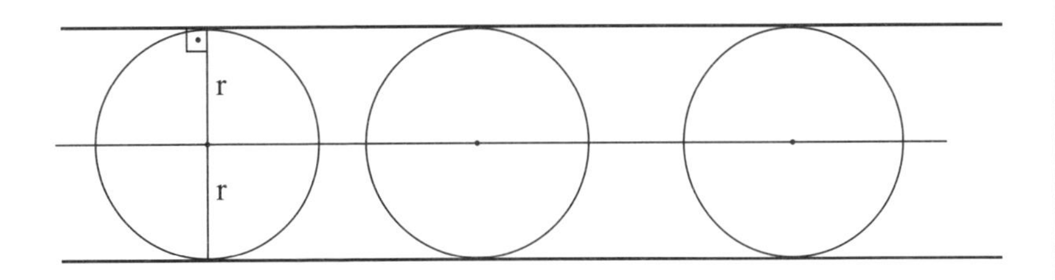

10) Centros das circunferências que tangenciam duas retas concorrentes

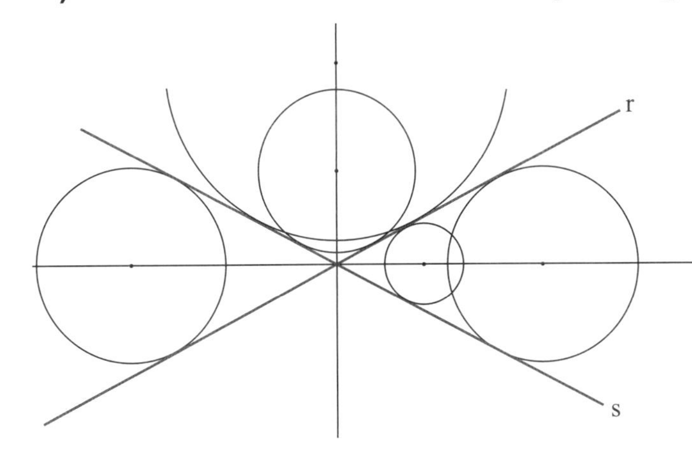

Dadas duas retas concorrentes **r** e **s**, o l.g. dos centros das circunferências que tan- genciam **r** e **s** é a união das retas que contêm a s bissetrizes dos ângulos formados por **r** e **s**.

11) Centros das circunferências que tangenciam uma dada num ponto dado dela.

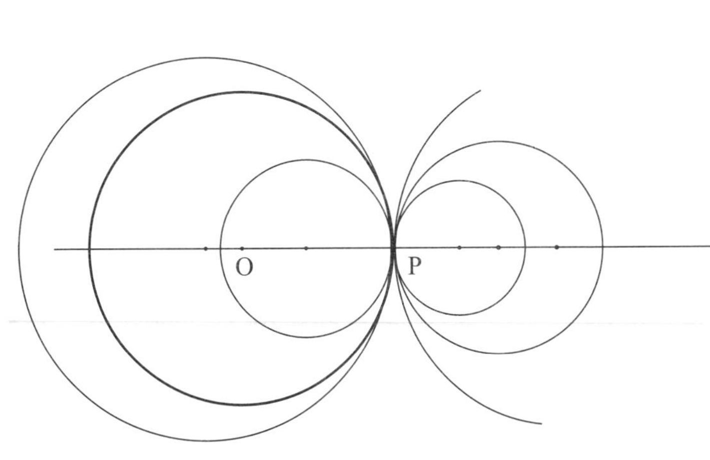

Dada uma circunferência **f** de centro O e um ponto **P** dela, o l.g. dos centros das circunferências que tangenciam **f** em **P** é a reta, exceto os ponto **O** e **P**, determinada pelos pontos **O** e **P**.

12) Centros de circunferências congruentes que tangenciam uma circunferência dada.

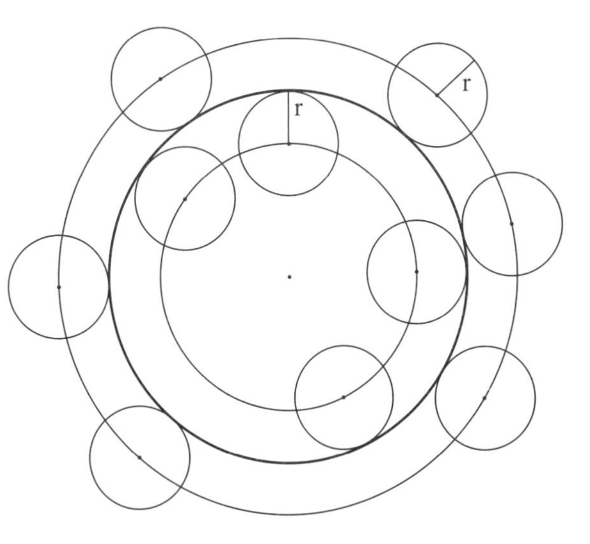

Dada uma circunferência **f** de centro o e raio **R**, e um comprimento **r**, o l.g. dos centros das circunferências que tem raio r e tangenciam f é a união de duas circunferências de centro O e raios R + r e R – r.

Obs: Quando R < r essa circunferências terão raios R + r e r – R.

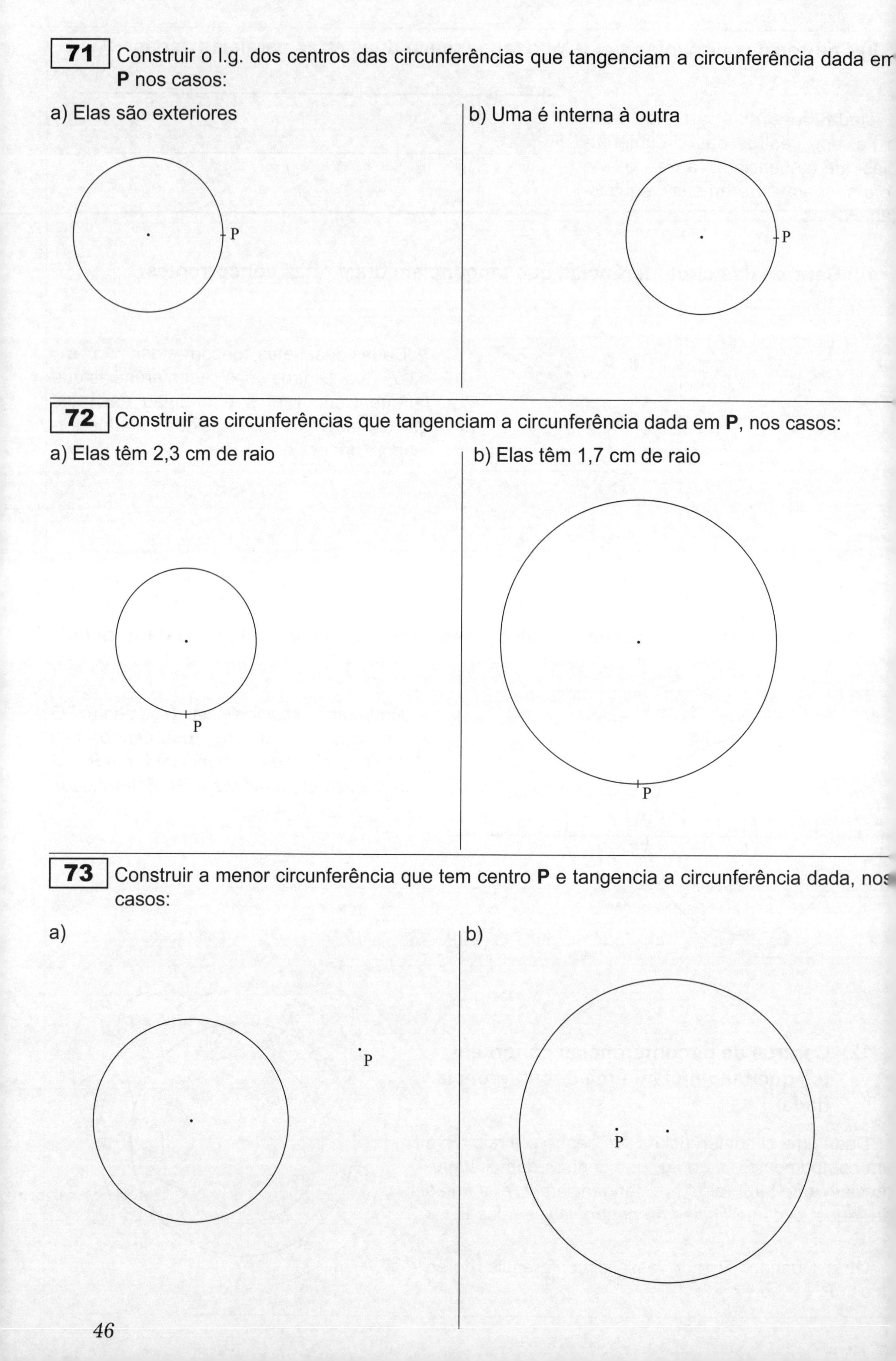

71 Construir o l.g. dos centros das circunferências que tangenciam a circunferência dada em **P** nos casos:

a) Elas são exteriores

b) Uma é interna à outra

72 Construir as circunferências que tangenciam a circunferência dada em **P**, nos casos:

a) Elas têm 2,3 cm de raio

b) Elas têm 1,7 cm de raio

73 Construir a menor circunferência que tem centro **P** e tangencia a circunferência dada, nos casos:

a)

b)

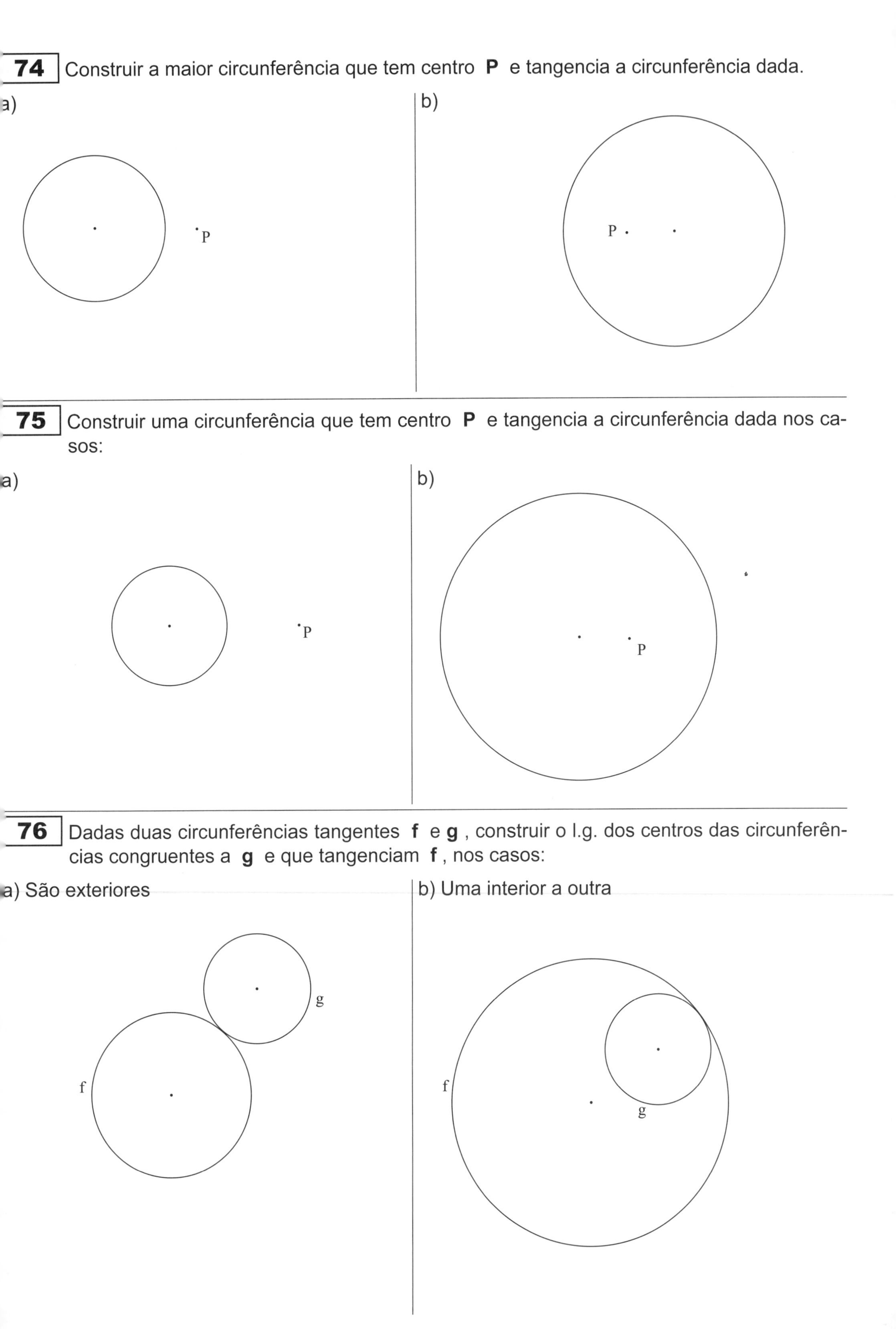

74 Construir a maior circunferência que tem centro **P** e tangencia a circunferência dada.

a)

b)

75 Construir uma circunferência que tem centro **P** e tangencia a circunferência dada nos casos:

a)

b)

76 Dadas duas circunferências tangentes **f** e **g** , construir o l.g. dos centros das circunferências congruentes a **g** e que tangenciam **f** , nos casos:

a) São exteriores

b) Uma interior a outra

77 Construir o l.g. dos centros das circunferências que têm raio 1,2 cm e tangenciam a circunferência dada

a) Externamente

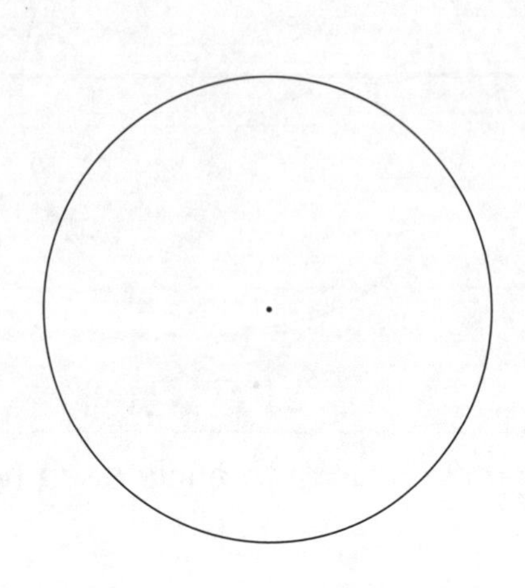

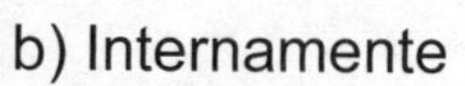

b) Internamente

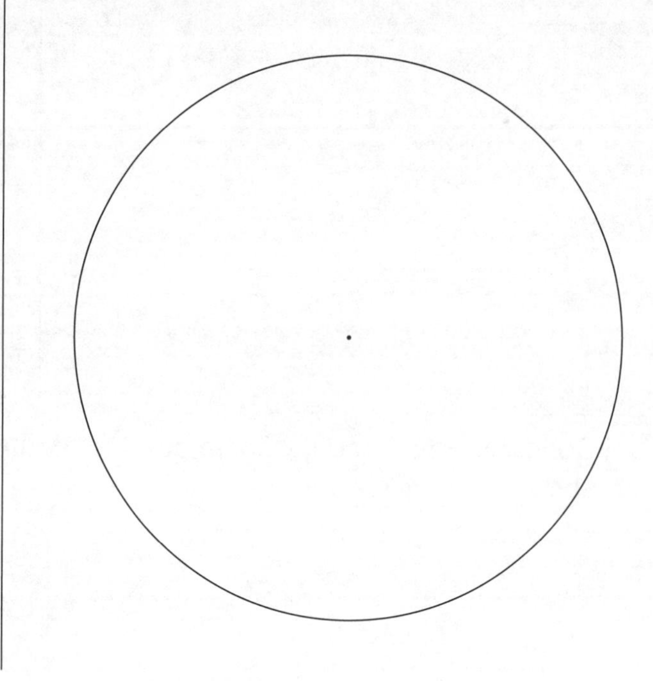

78 Em cada caso são dadas as circunferências **f** e **g** e r = 1,7 cm determine os pontos onde se interceptam os l.g. dos centros das circunferências de raio r que tangenciam:

a) **f** e **g** externamente

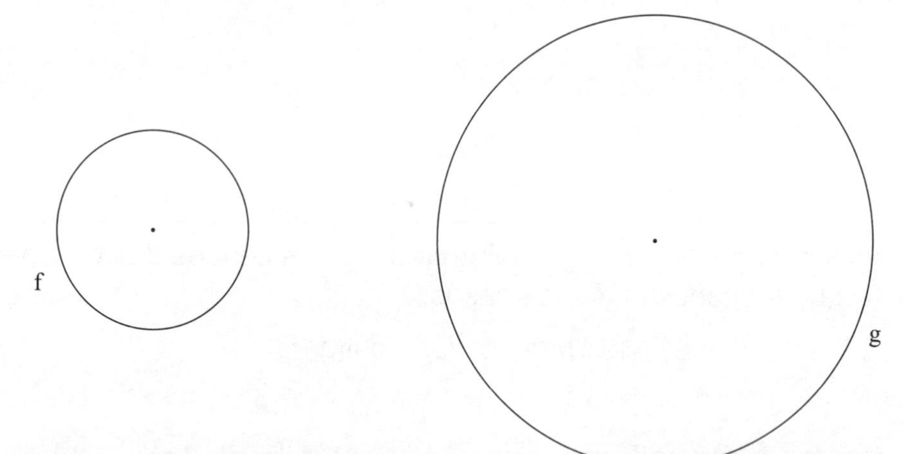

b) **f** externamente e **g** internamente

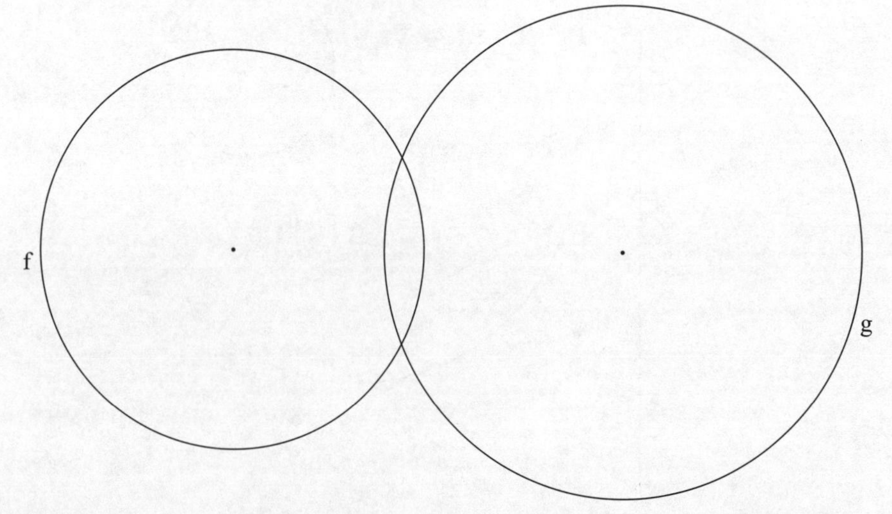

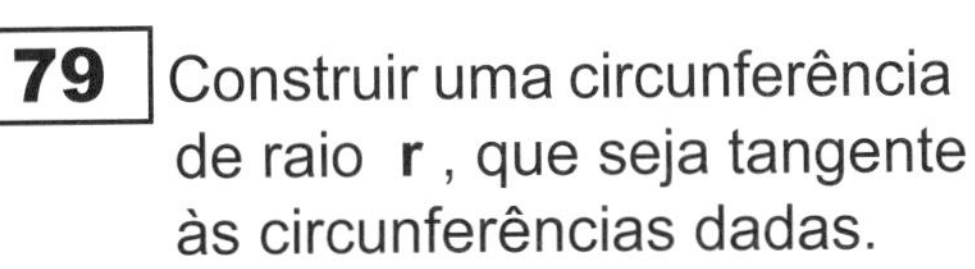

79 Construir uma circunferência de raio **r** , que seja tangente às circunferências dadas.

r

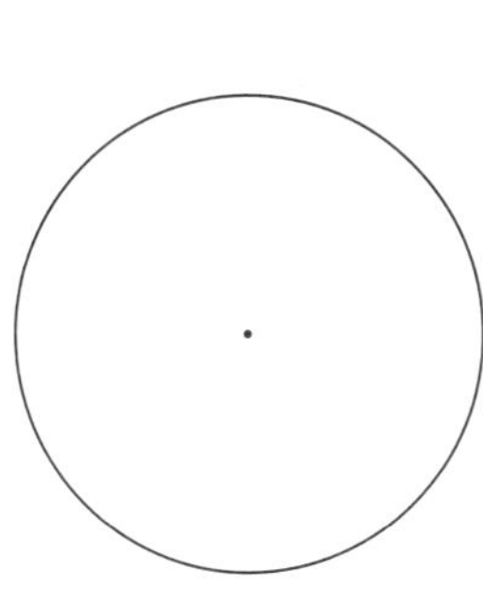

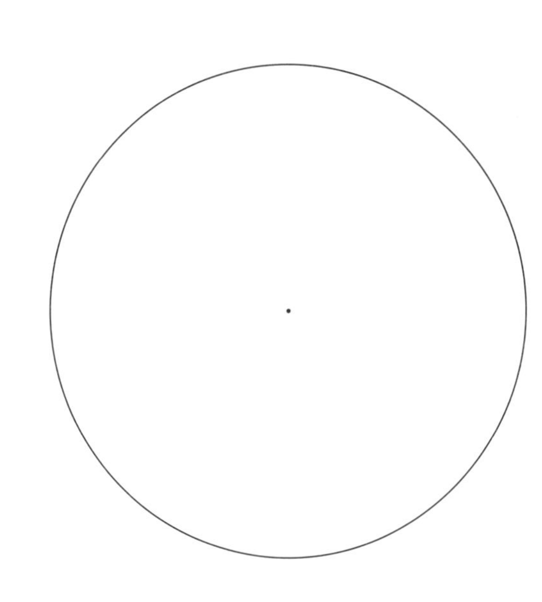

---

80 Construir uma circunferência de raio **r** , que tangencia a circunferência menor externamente e a maior internamente.

r

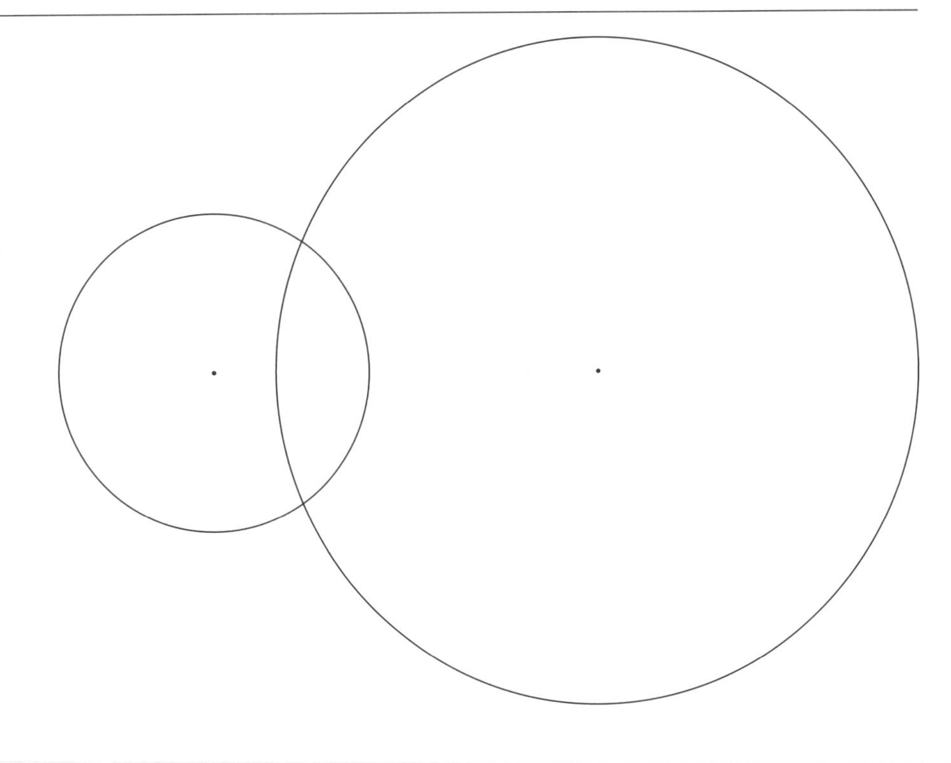

---

81 Construir o l.g. dos centros das circunferências que têm raio r e tangenciam a circunferência dada externamente e também o l.g. das que têm raio **r** e passam pelo ponto **A** .

A

r

82 Construir uma circunferência de raio **r** que passa pelo ponto **A** e tangencia a circunferência dada.

r

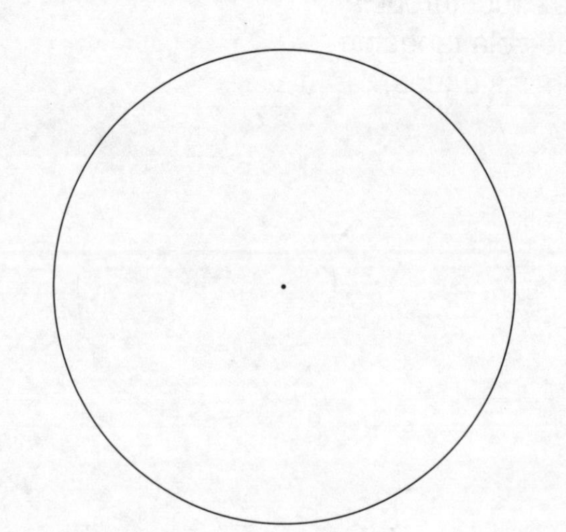

· A

83 Construir uma circunferência de raio **r** que passa pelo ponto **A** e tangencia a circunferência dada.

r

· A

84 Construir o l.g. dos centros das circunferências que tangenciam a circunferência dada externamente em P e também o l.g. dos centros das circunferências que têm $\overline{AP}$ como corda.

r

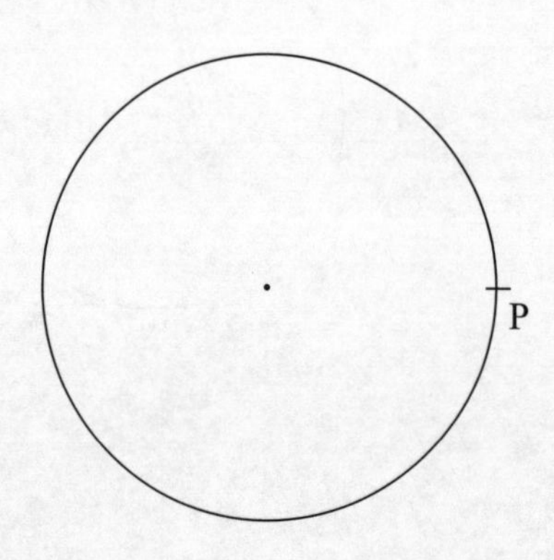

85 Construir a circunferência que passa pelo ponto **A** e tangencia a circunferência dada no ponto **P**, nos casos:

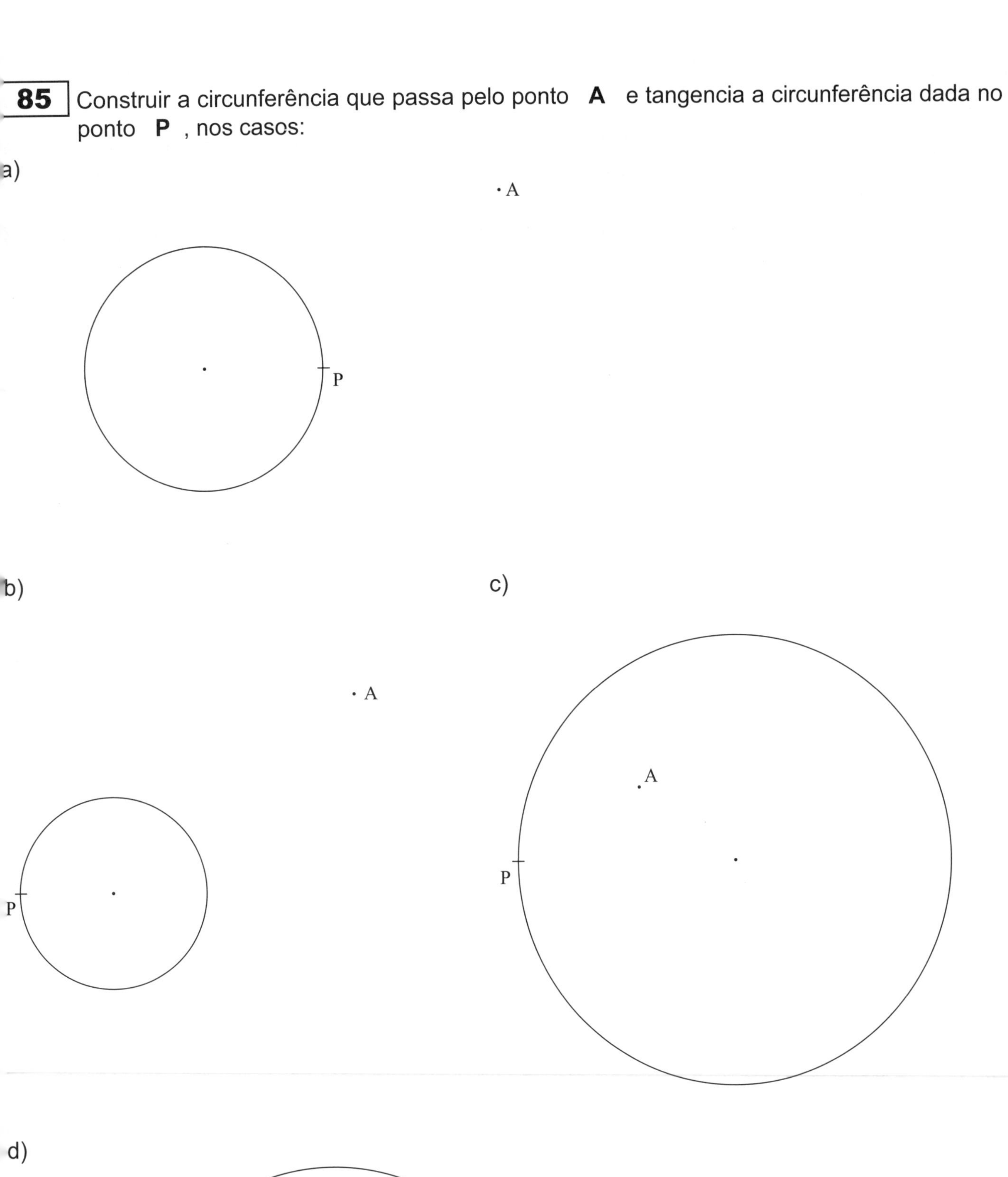

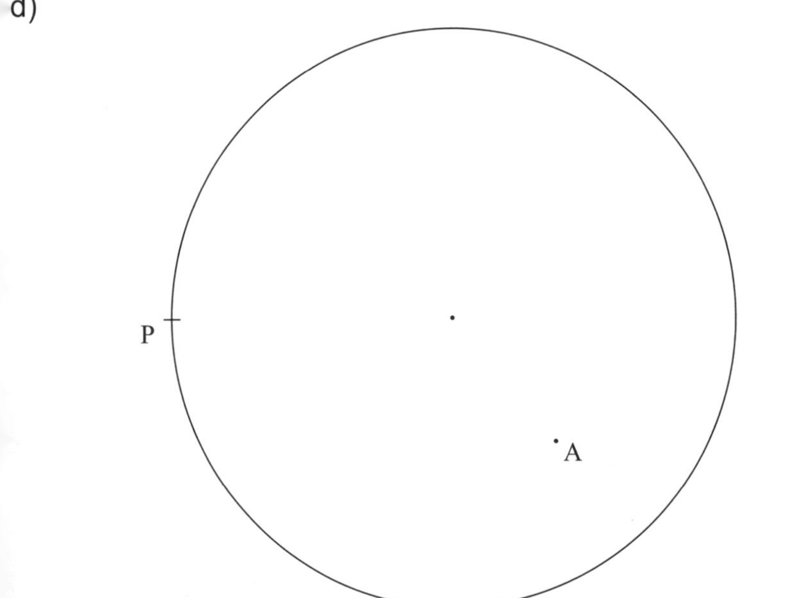

86 Resolver:

a) Traçar pelo ponto P a reta perpendicular à reta **t**

· P

t

b) Determine o raio da circunferência que tem centro O e tangencia a reta **t**

· O

t

c) Determine o ponto de contacto da circunferência de centro O com a reta **t** tangente à ela

. O

t

87 Em cada caso é dada uma circunferência e uma reta tangente à ela. Determinar o ponto de contacto (ponto de tangência).

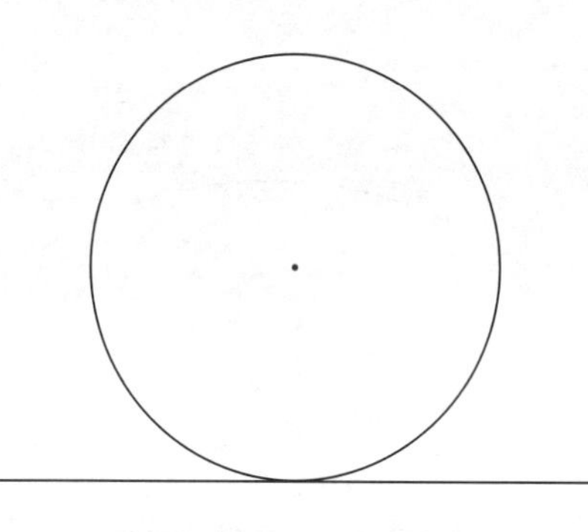

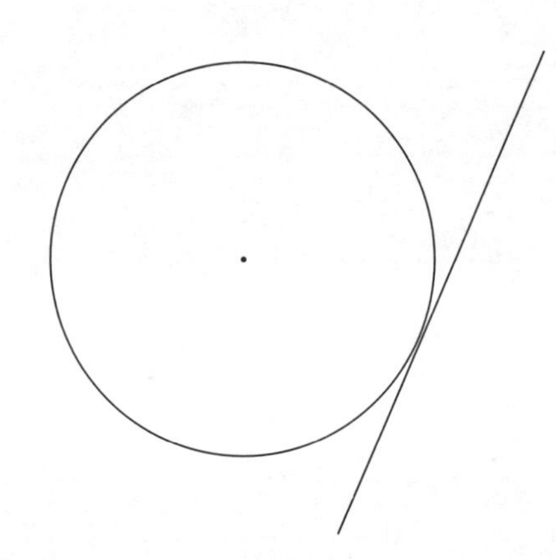

88 Dadas as retas perpendiculares s e t, desenhar as circunferências que têm centros nos pontos A e B e s e tangenciam a reta t

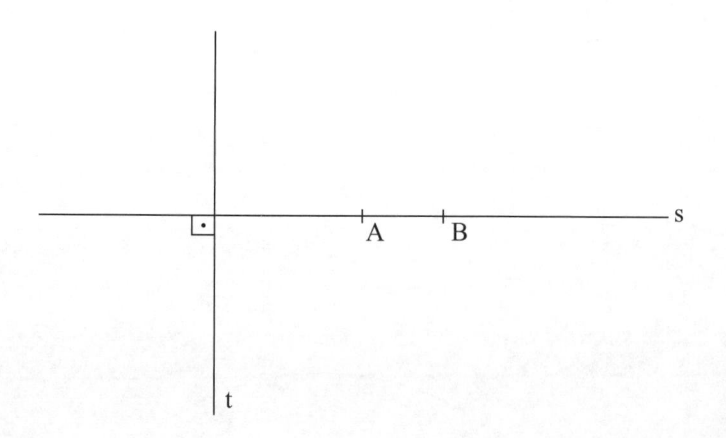

89 Construir a circunferência que tem centro O e tangencia a reta t, nos casos

a)

· O

t

b)

t

O ·

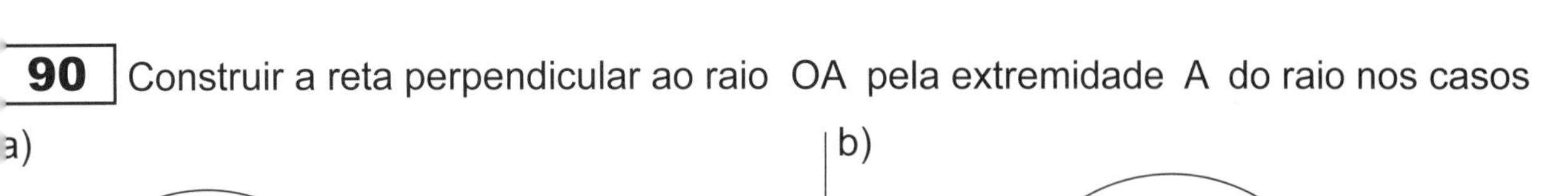

90 Construir a reta perpendicular ao raio OA pela extremidade A do raio nos casos

a)

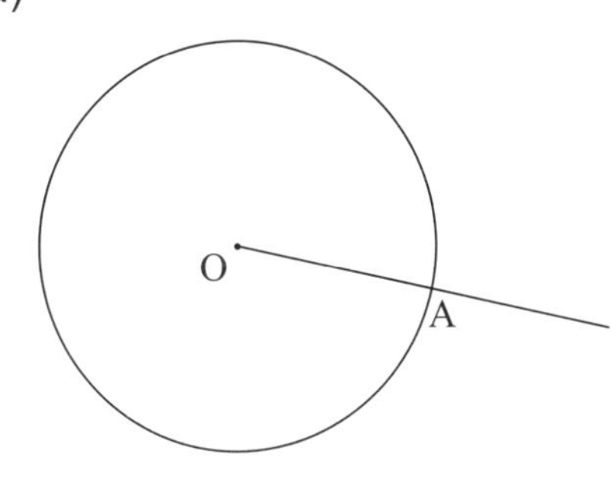

b)

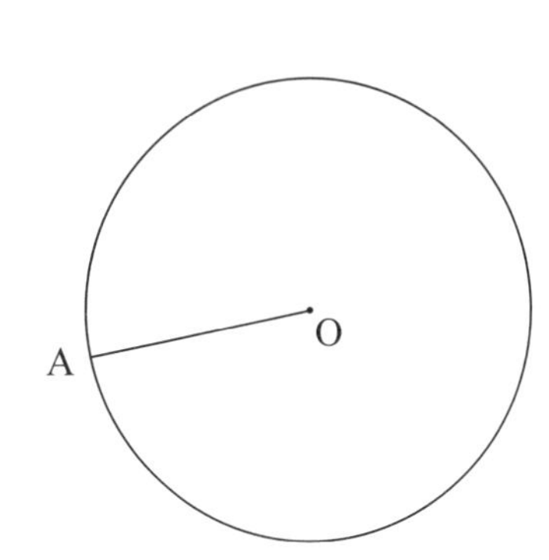

91 Construir pelas extremidades do diâmetro AB da circunferência dada, as retas perpendiculares a esse diâmetro.

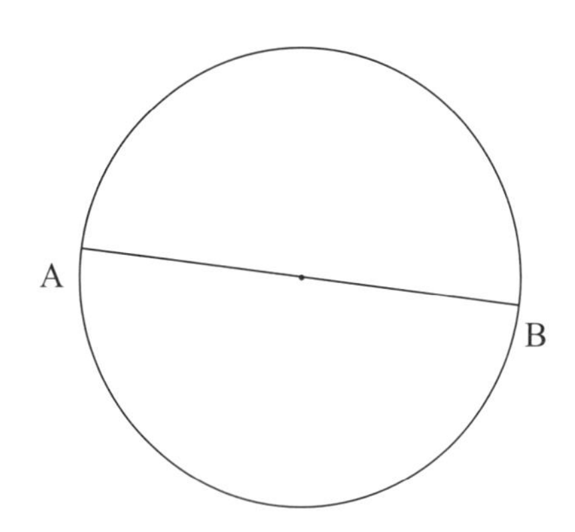

92 Construir pelo ponto A da circunferência dada a reta tangente a ela, nos casos

a)

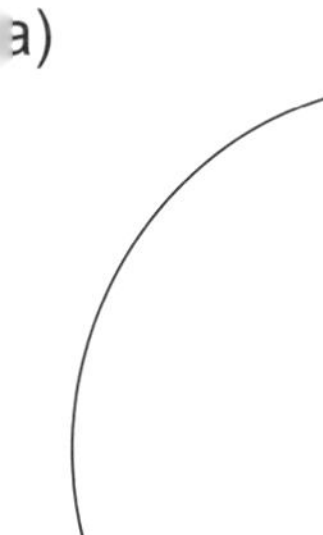

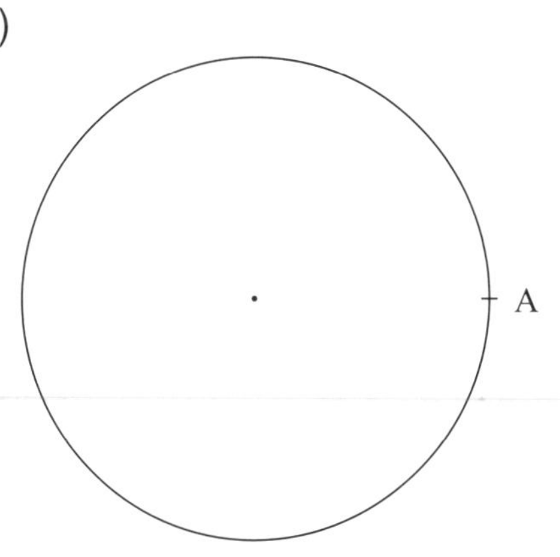

b)

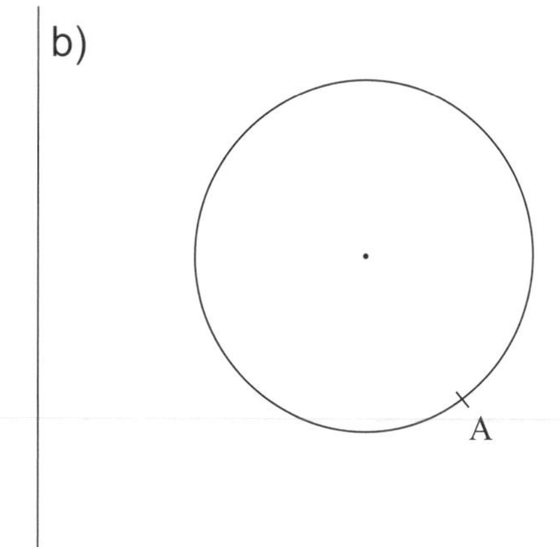

93 Traçar, pelos vértices do triângulo inscrito na circunferência dada, as retas tangentes a essa circunferência

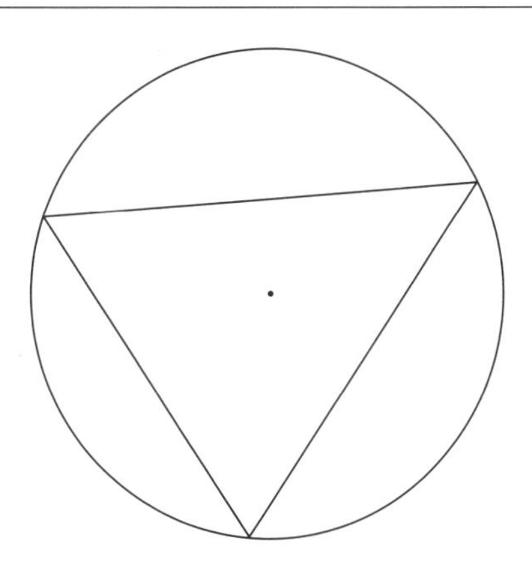

94 Traçar pelo ponto A da circunferência dada a reta tangente à ela.

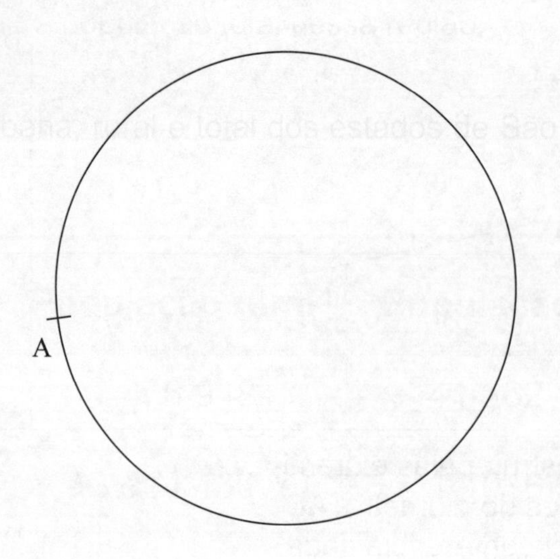

95 Em cada caso é dada uma circunferência **f** e uma reta **s**. Traçar uma reta **t** que seja tangente a **f**, de modo que:

a) **t** é paralela à **s**

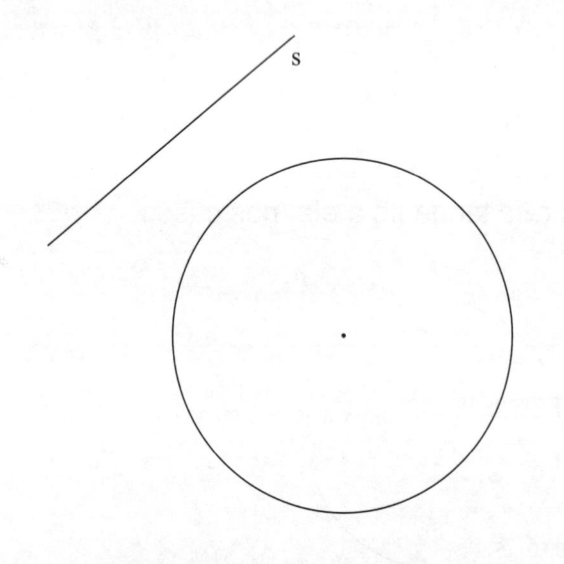

b) **t** é perpendicular à **s**

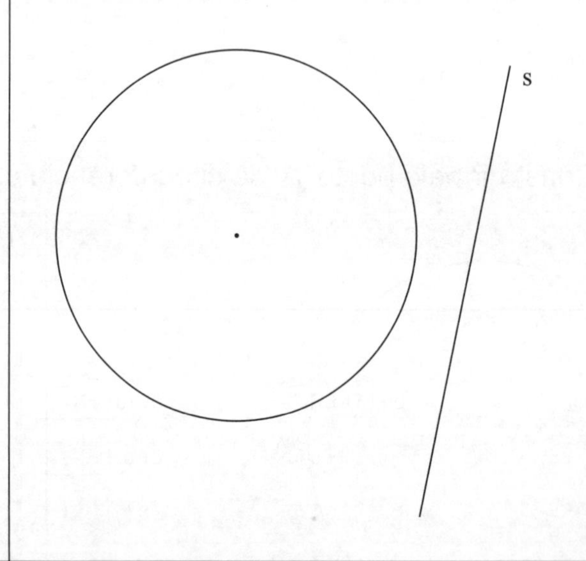

c) **t** é paralela à **s**

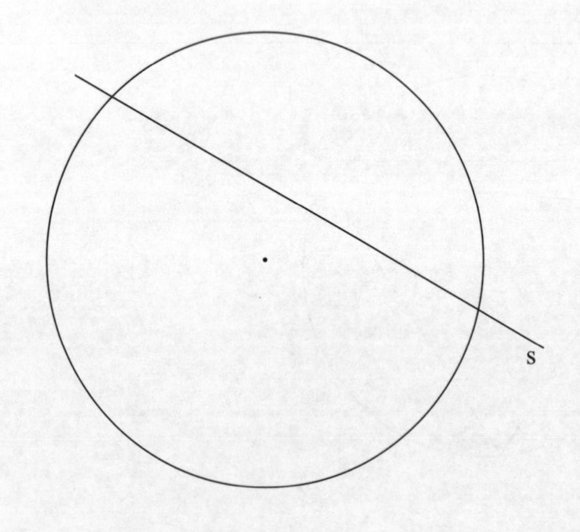

d) **t** é perpendicular à **s**

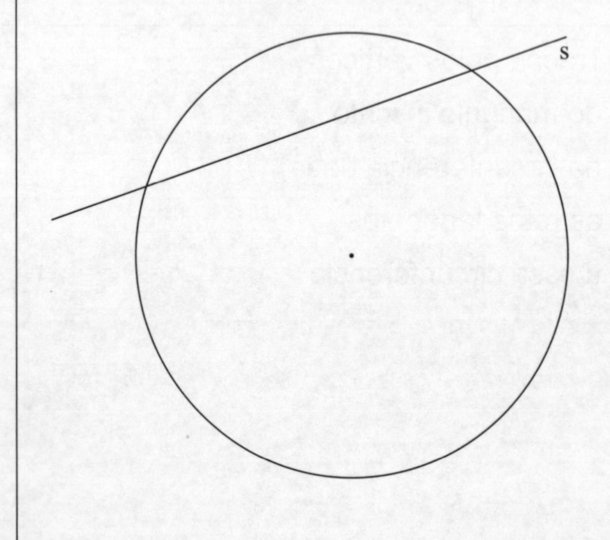

96 Resolver:

a) Traçar pelo ponto **P** da reta **s** a reta **t** perpendicular à ela

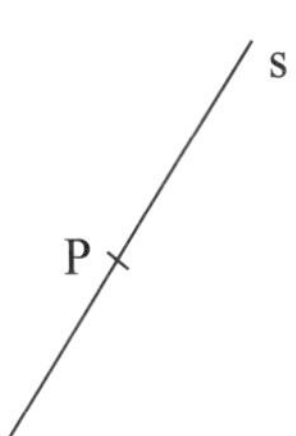

b) Traçar uma circunferência que tem raio 1,5 cm e tangencia a reta **t** em **P**

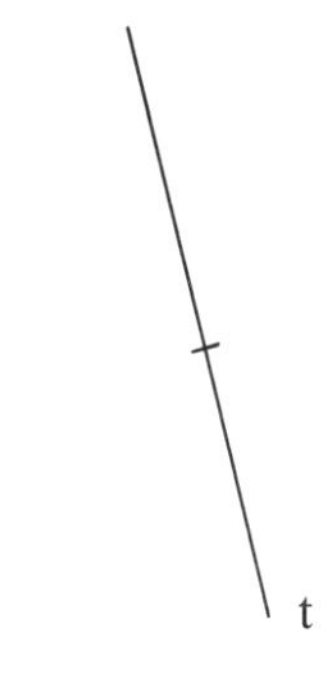

97 Na figura temos duas circunferências congruentes tangentes a uma reta **t** no ponto **P**. Construir o l.g. dos centros das circunferências que são congruentes à elas e também tangenciam a reta **t**.

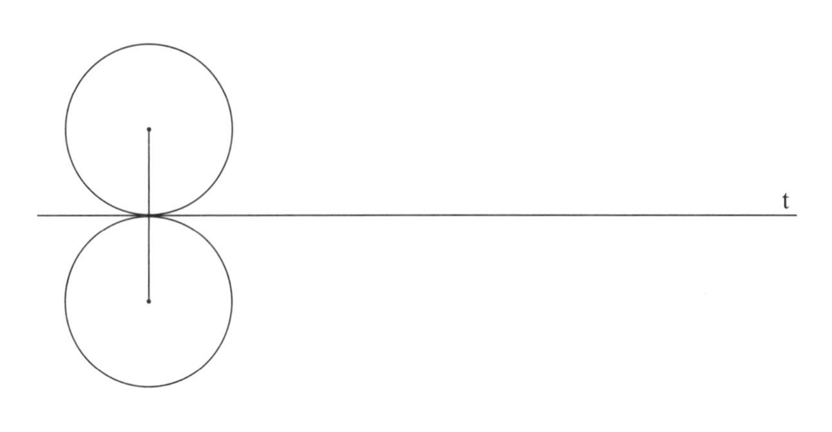

98 Dada uma circunferência **f** e uma reta **t**, tangentes, desenhar o l.g. dos centros das circunferências que são congruentes a **f** e também tangenciam a reta **t**

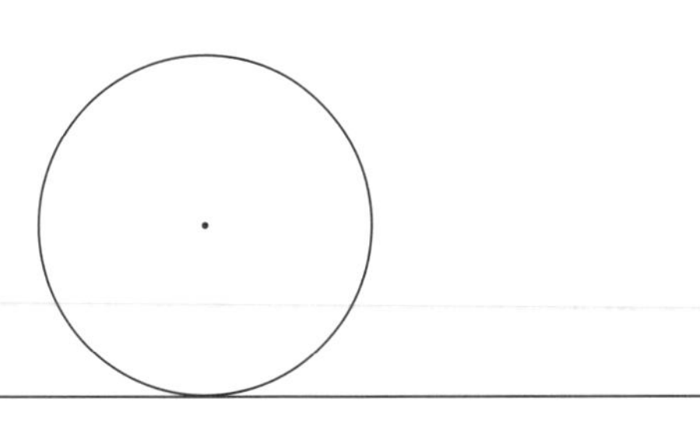

99 Construir o l.g. das circunferências que têm raio **r** e são tangentes à reta **t**

r

100 Dada uma reta **t** , uma reta s e uma distância **r** , construir as circunferências que têm raio **r** , centro em s e tangenciam a reta **t**

r

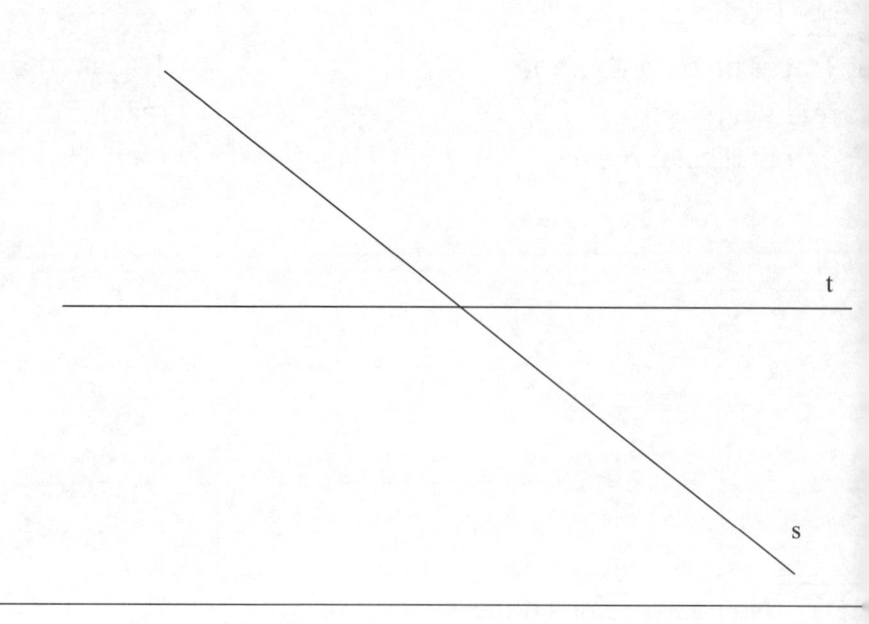

101 Dada uma circunferência **f** e uma reta **t** , construir as circunferências que têm raio r = 1,5 cm, centro em **f** e tangenciam a reta **t**

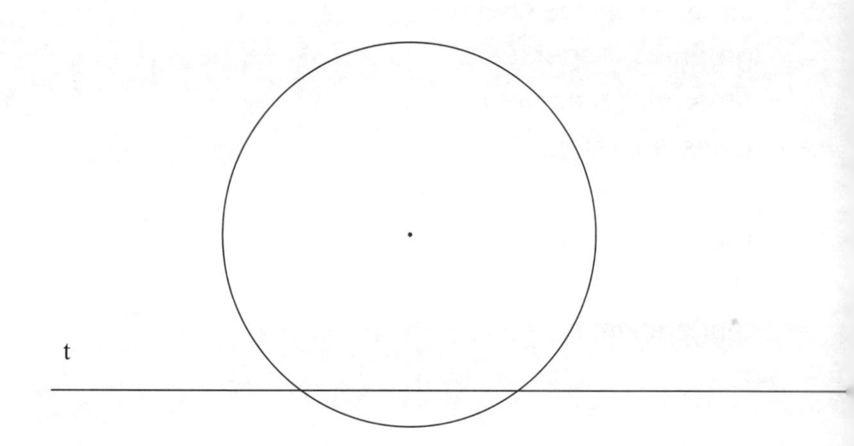

102 Dada uma reta **t** e um ponto A , construir o l.g. dos centros das circunferências que têm raio r = 1,5 cm e passam por A e também o l.g. do centros das circunferências que têm raio r = 1,5 cm e tangenciam a reta **t**

A

t

103 Construir as circunferências que passam pelo ponto A dado, tangenciam a reta **t** dada e têm raio r = 2,1 cm

A

t

104 Na figura temos uma circunferência **f** que tangencia as retas paralelas s e **t**. Construir o l.g. dos centros das circunferências que tangenciam **s** e **t**

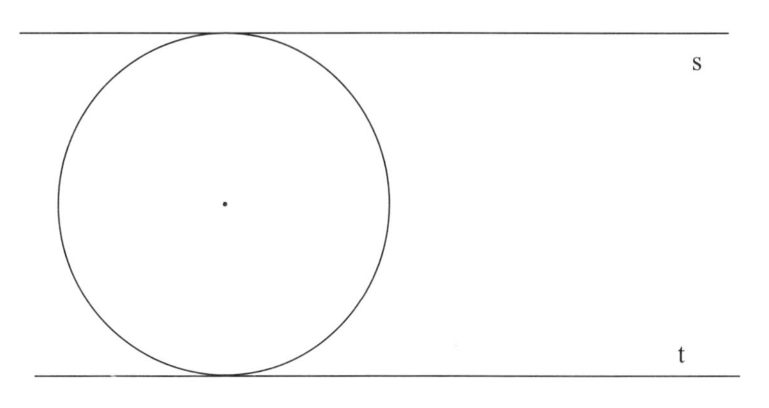

105 Dadas as retas paralelas **a** e **b** , construir o l.g. dos centros das circunferências que tangenciam as retas **a** e **b**

a

b

106 Construir uma circunferência que tangencia as retas paralelas dadas sendo **P** um dos pontos de contacto

107 Construir as circunferência que passa pelo ponto **A** e tangenciam as retas paralelas **a** e **b** dadas

a

· A

108 Dada uma circunferência inscrita em um ângulo (circunferência que tangencia os lados do ângulo), desenhar o l.g. dos centros das circunferências que estão inscritas no mesmo ângulo.

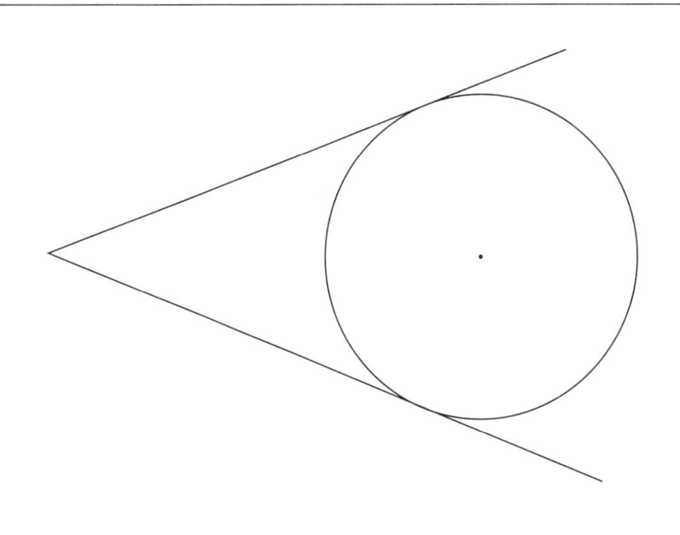

109 Em cada caso é dado um triângulo.

a) Determine o incentro dele

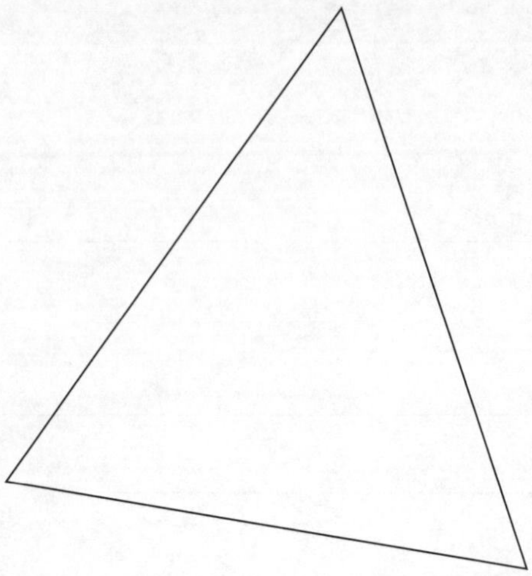

b) Construir a circunferência inscrita nele.

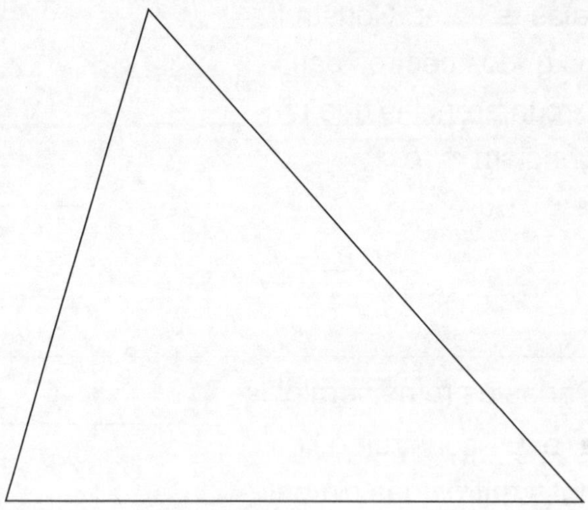

110 Construir a circunferência inscrita no ângulo dado nos casos:

a) O centro está na reta **s**

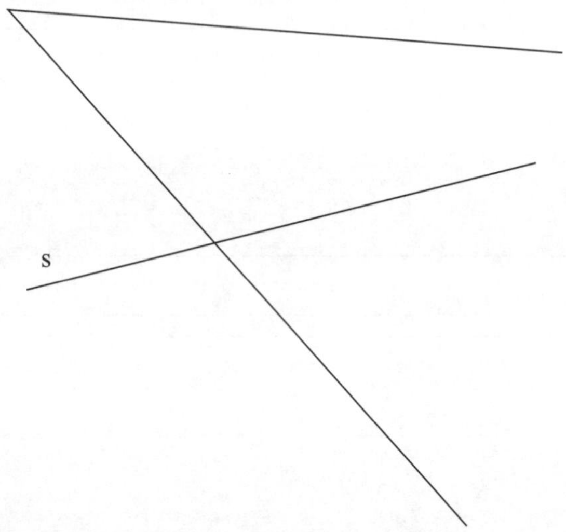

s

b) O ponto **P** é um dos pontos de contacto.

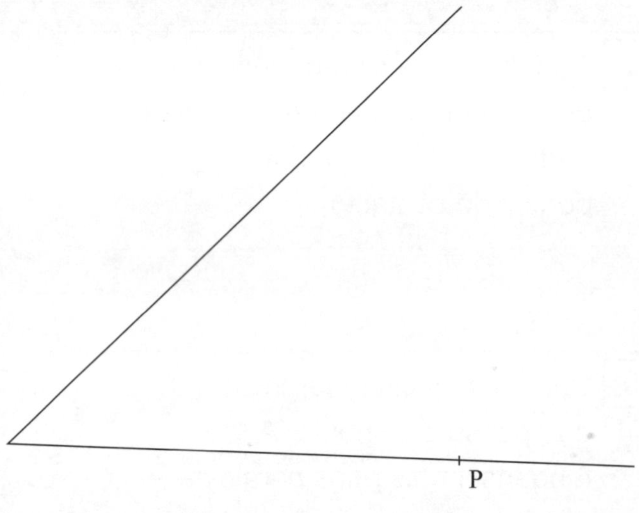

P

111 Inscrever uma circunferência de raio **r** no ângulo dado.

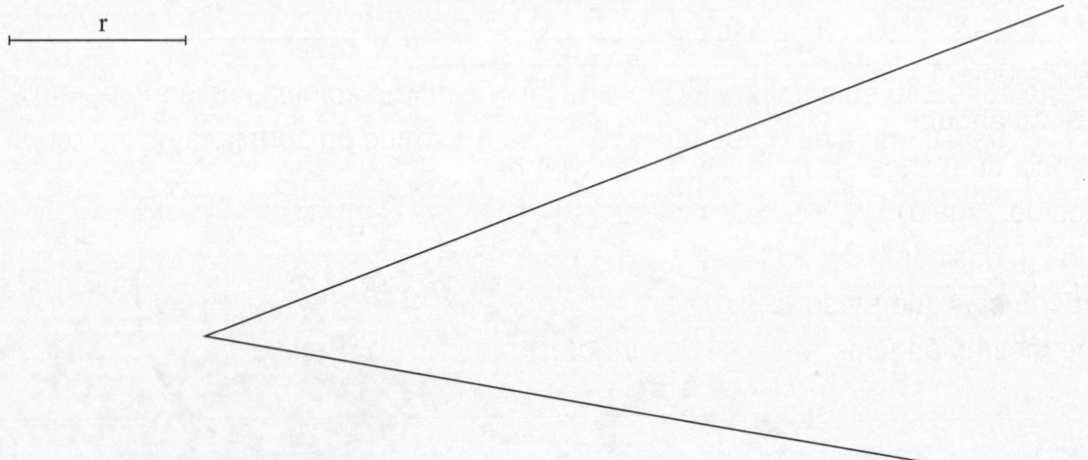

r

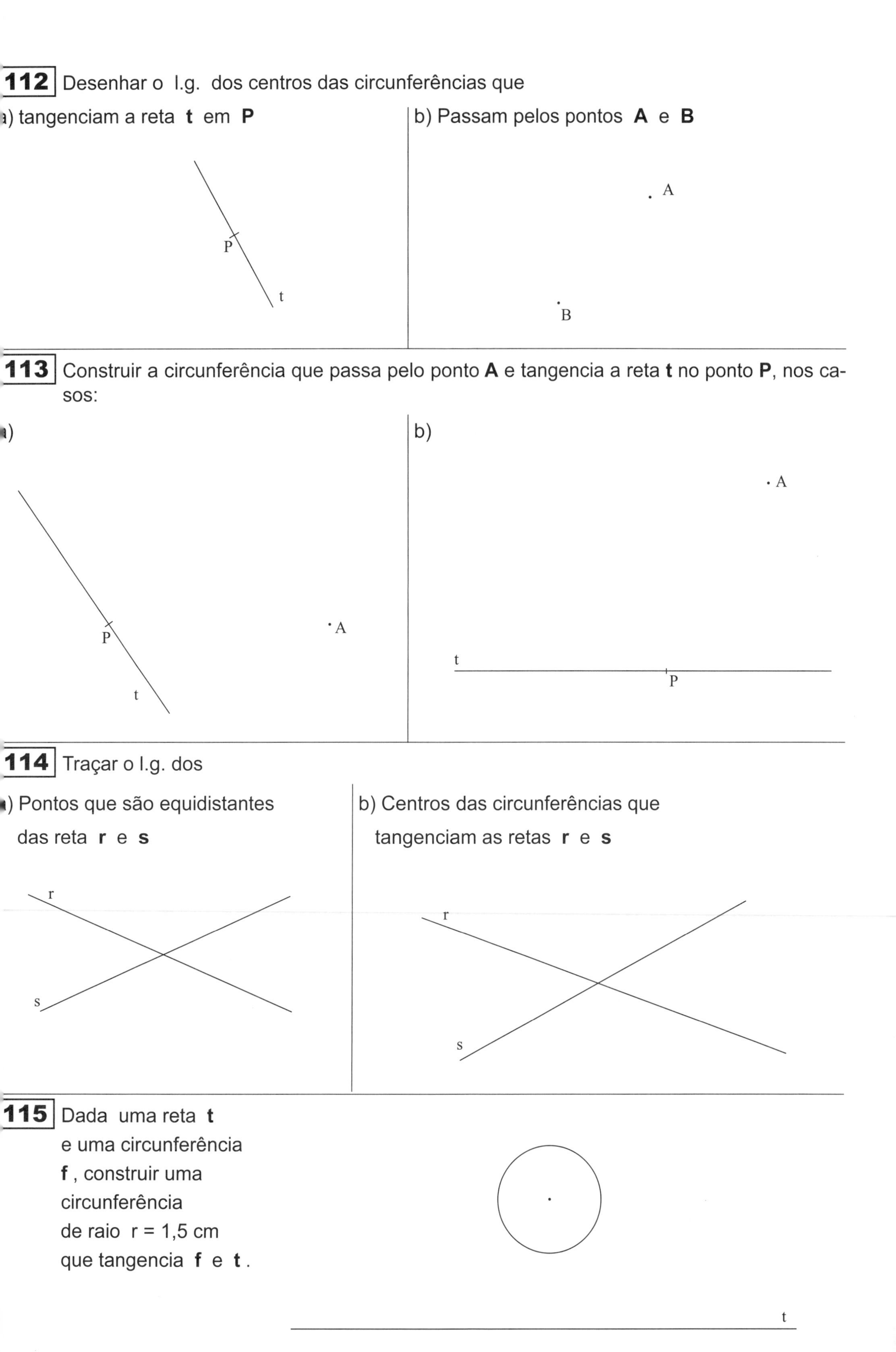

112 Desenhar o l.g. dos centros das circunferências que

a) tangenciam a reta **t** em **P**

b) Passam pelos pontos **A** e **B**

113 Construir a circunferência que passa pelo ponto **A** e tangencia a reta **t** no ponto **P**, nos casos:

a)

b)

114 Traçar o l.g. dos

a) Pontos que são equidistantes das reta **r** e **s**

b) Centros das circunferências que tangenciam as retas **r** e **s**

115 Dada uma reta **t** e uma circunferência **f** , construir uma circunferência de raio r = 1,5 cm que tangencia **f** e **t** .

116 Dadas as retas **a** , **b** e **s** , construir uma circunferência que têm centro em s e tangencia as retas **a** e **b**.

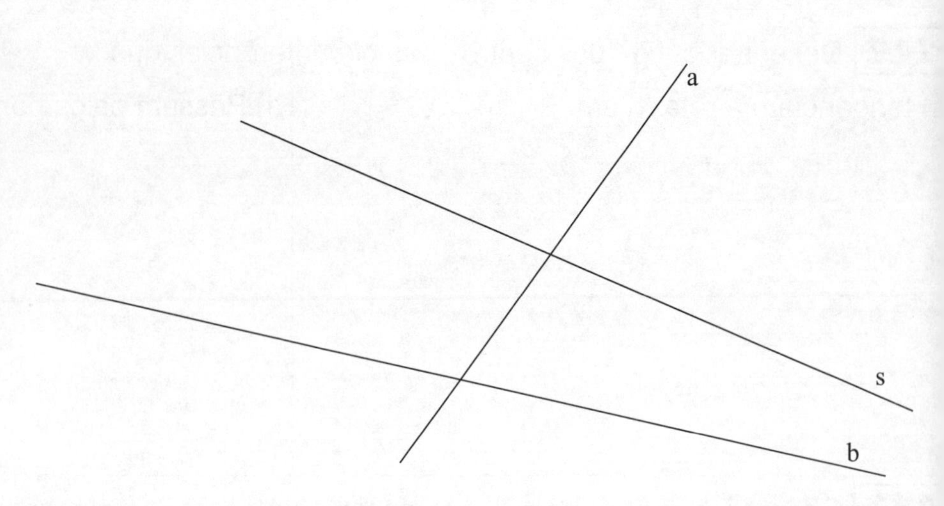

117 Dada uma reta **t** e uma circunferência **f** , construir uma circunferência que tem raio **r** tal que **f** a tangencie internamente

r

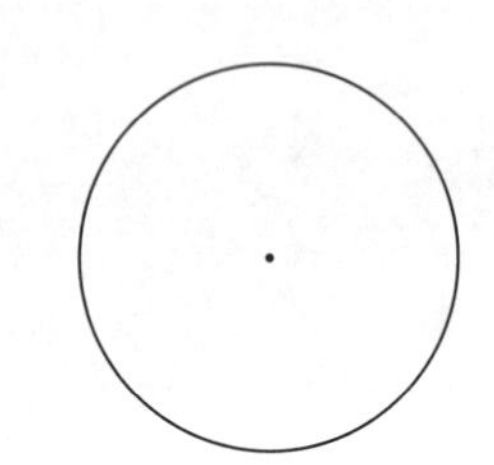

t

118 Dada uma reta **r** e uma circunferência **f** , construir uma circunferência de raio **r** , que seja tangente a **t** e a **f** .

r

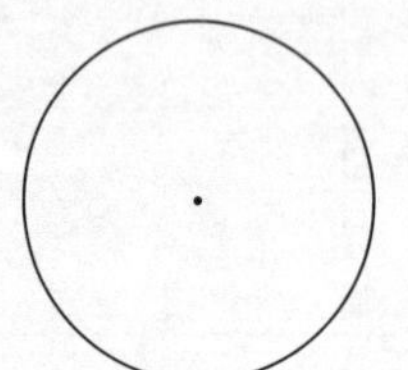

t

119 Construir uma circunferência que tangencie a reta t e a circunferência f dada, sendo P ponto de tangencia, nos casos:

a) **f** a tangencie externamente

b) **f** a tangencia internamente

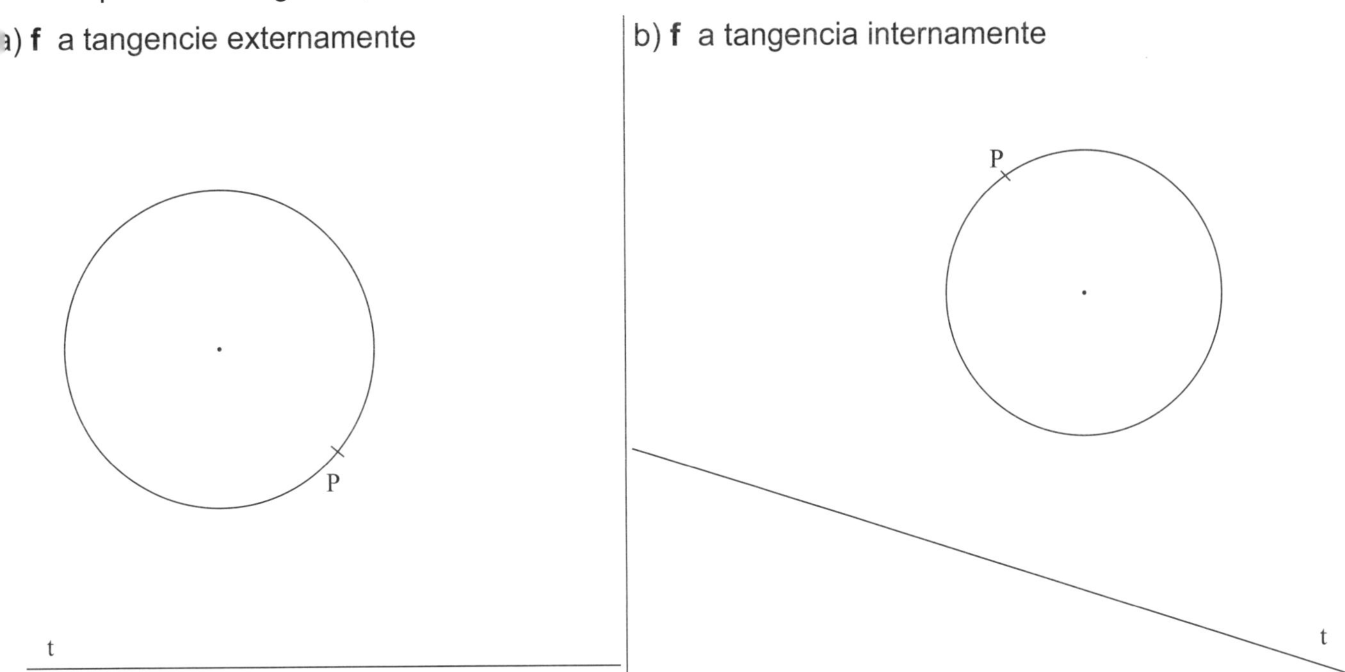

120 Construir uma circunferência que tangencie a reta **t** e também a circunferência **f** dada, sendo **P** ponto de contacto com **f** .

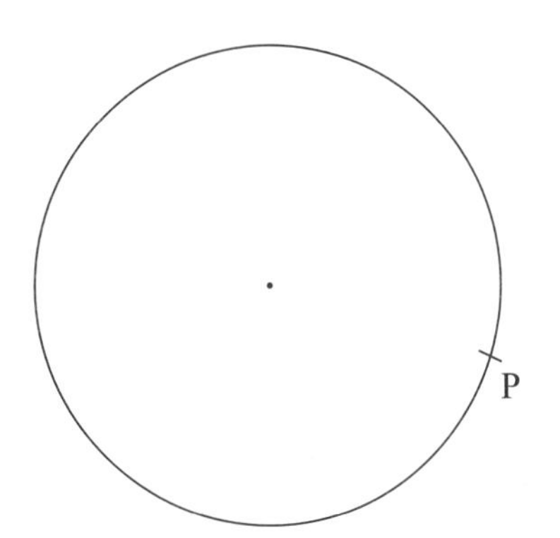

t

121 Construir um triângulo retângulo com medianas relativas aos catetos medindo 84 mm e 106 mm

---

122 Traçar pelo ponto **P** uma reta tangente à circunferência dada, nos casos:

a) O é o centro

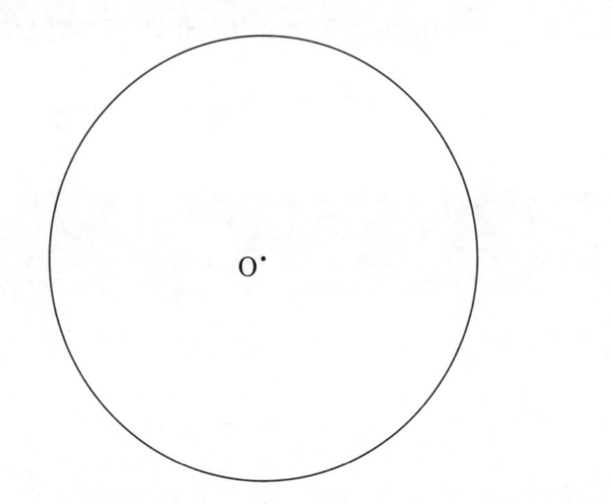

---

b)

V PORCENTAGEM

A forma "por cento" corresponde a uma fração cujo denominador é 100. Exemplos:

$37\% = \frac{37}{100}$

$60\% = \frac{60}{100} = \frac{6}{10} = \frac{3}{5}$

$7\% = \frac{7}{100}$

Podemos transformar também a forma "por cento" em numeral decimal:

$43\% = \frac{43}{100} = 0{,}43$

$9\% = \frac{9}{100} = 0{,}09$

$70\% = \frac{70}{100} = 0{,}70 = 0{,}7$

$34{,}5\% = \frac{34{,}5}{100} = 0{,}345$

123 Complete a tabela abaixo:

Forma por cento	Fração irredutível	Número Decimal
20%		
5%		
3,5%		
		0,45
		0,4
		0,03
		0,045
	$\frac{4}{5}$	
	$\frac{4}{25}$	
	$\frac{7}{8}$	

124 Calcular:

a) 18% de R$620,00 = 0,18 · R$620,00 = R$111,60

b) 35% de R$80,00

c) 14,5% de R$1200,00

125 Determine um número sabendo-se que:

a) 15% do número é 90

Resolução

$$\frac{15}{100} \cdot x = 90 \Rightarrow 15x = 90 \cdot 100 \Rightarrow x = \frac{\overset{6}{\cancel{90}} \cdot 100}{\cancel{15}} \Rightarrow x = 600$$

Na calculadora: $0,15 \cdot x = 90 \Rightarrow x = \frac{90}{0,15} \Rightarrow x = 600$

b) 25% do número é 42.

c) 38% do número é 1140.

126 Resolver os problemas:

a) 21 minutos representam quanto por cento da hora?

Resolução

1º modo

Queremos saber: 21 minutos representam quanto por cento de 60 minutos? Equacionando, temos:

$$21 = \frac{x}{100} \cdot 60 \Rightarrow 60x = 2100 \Rightarrow x = \frac{2100}{60} = 35$$

2º modo

9 representa que fração de 60?

$$\frac{9}{60} = \frac{3}{20} = \frac{15}{100} = 15\%$$

b) O preço de uma mercadoria era R$1200,00. Se eu a comprei por R$1020,00, quanto por cento obtive de desconto?

Resolução

desconto = R$1200,00 - R$1020,00 = R$180,00

O desconto foi dado sobre o valor original que era de R$1200,00. Nossa pergunta é:

R$180,00 representa quanto por cento de R$1200,00? Equacionado, temos:

$$180 = \frac{x}{100} \cdot 1200 \Rightarrow 1200x = 180 \cdot 100 \Rightarrow x = \frac{180 \cdot 100}{1200} = 15$$

Fazendo de outra forma:

180 representa que fração de 1200?

$$\frac{180}{1200} = \frac{18}{120} = \frac{3}{20} = \frac{15}{100}\ 0,15 = 15\%$$

Resp.: o desconto foi de 15%

---

c) Em fevereiro, o salário de João era de R$2400,00. Em março, devido a um aumento, o salário de João passou a ser R$2592,00. De quanto por cento foi o aumento?

---

d) Uma pessoa compra uma casa por R$300.000,00 e logo depois revende-a por R$336.000,00. Quanto por cento obteve de lucro?

---

127 Resolver os problemas:

a) O salário de uma pessoa era de R$1.500,00. Recebeu 15% de aumento. Qual o seu novo salário?

Resolução

Sendo 100% o salário inicial da pessoa, com o aumento, o salário final passa a ser 115%.

Salário final = 115% de R$ 1.500,00 = 1,15 · R$ 1.500,00 = R$ 1.725,00

b) Uma pessoa compra um notebook por R$ 4.800,00. Um mês depois revende-o com desconto de 12%. Qual o preço de venda?

Resolução

Sendo 100% o valor de compra do notebook, o preço de revenda será 100% - 12% = 88%

Preço de revenda = 88% de R$ 4.800,00 = 0,88 . R$ 4.800,00 = R$ 4.224,00

c) Um comerciante compra uma malha por R$80,00 e a revende com lucro de 35%. Qual o preço de venda?

d) Numa escola, houve 40 alunos reprovados em 2018. No ano seguinte, houve uma diminuição de 15% no número de reprovações. Qual o número de alunos reprovados em 2019?

128 Resolver os seguintes problemas:

a) Após um aumento de 10%, o preço de uma mercadoria passa a ser R$385,00. Qual era o preço antes do aumento?

Resolução

Seja x o preço inicial da mercadoria (100%). Após o aumento de 10%, o preço passou a ser 110%.

$$110\% \cdot x = 385 \Rightarrow 1{,}1 \cdot x = 385 \Rightarrow x = \frac{385}{1{,}1} = 350$$

Resp.: O preço inicial da mercadoria era R$350,00.

b) Um comerciante vende uma calça por R$ 96,00 dizendo que está oferecendo um desconto de 20%. Qual é o preço real dessa calça, sem o desconto?

c) O salário de uma pessoa passa a ser R$ 1.344,00 após aumento de 12%. Qual era o salário antes do aumento?

d) Um censo revela que a população de uma cidade diminui de 15% em relação ao censo anterior, passando a ter 18309 habitantes. Qual era a população no censo anterior?

129 Resolver os seguintes problemas:

a) Em um supermercado o preço do arroz era de R$ 3,00 o kg. Sofre um aumento de 10%, e no mês seguinte, sofre um novo aumento de 8%. Determine o preço final do kg do arroz.

Resolução

Após o 1º aumento, o preço passa a ser: 1,1 · R$ 3,00 = R$ 3,30

O novo aumento é dado sobre R$ 3,30. Então, temos: 1,08 . R$ 3,30 = R$ 3,56

b) Numa loja, o preço de um sapato era R$ 84,00. O comerciante dá um aumento de 20%, e, a seguir, dá um desconto de 20%. Qual o preço final desse sapato?

c) O preço de um terno em uma loja é de R$ 500,00. O comerciante oferece um desconto de 10% a um cliente. Não contente, esse cliente pede um desconto de 5% sobre o novo valor, que lhe é concedido. Por quanto foi comprado o terno?

130 Se um comerciante aumenta o valor de uma mercadoria de 10% e no mês seguinte dá novo aumento de 10%, pode-se afirmar que o aumento total foi de 20%? Justifique.

131 (Enem - 2009) Considere que as médias finais dos alunos de um curso foram representadas no gráfico a seguir.

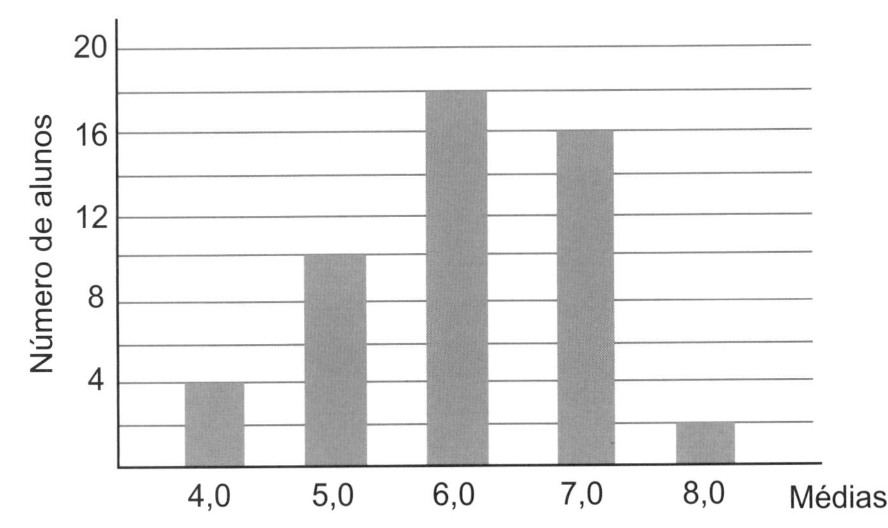

Sabendo que a média para aprovação nesse curso era maior ou igual a 6,0, qual foi a porcentagem de alunos aprovados?

a) 18%
b) 21%
c) 36%
d) 50%
e) 72%

132 A figura abaixo mostra o gráfico da evolução do lucro trimestral de um banco, segundo o jornal Folha de São Paulo, de 08/08/2006.

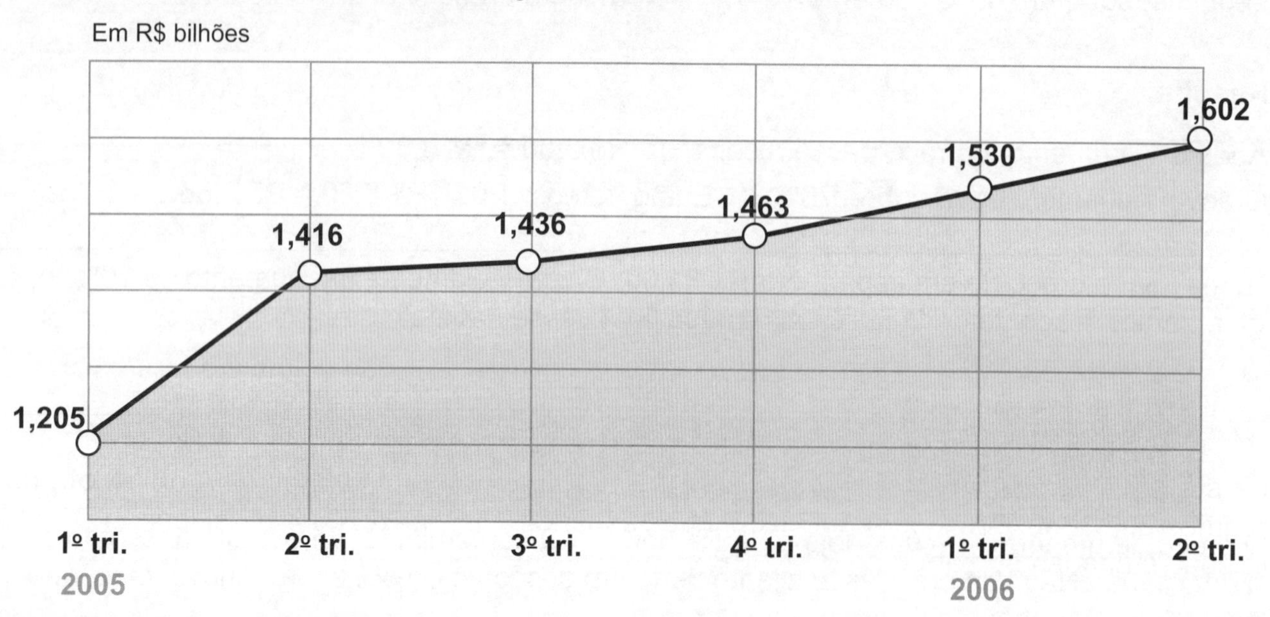

Pede-se:

a) Qual o lucro total desse banco no 1º semestre de 2006?

b) De quanto por cento foi o aumento do lucro do banco do 1º para o 2º trimestre de 2006?

---

133 Na figura abaixo, o primeiro gráfico mostra-nos a evolução do número de eleitores no Brasil nas diversas eleições para presidente (desde 1989) e o segundo gráfico, mostra quanto por cento do total de eleitores se abstiveram de votar (não votaram).

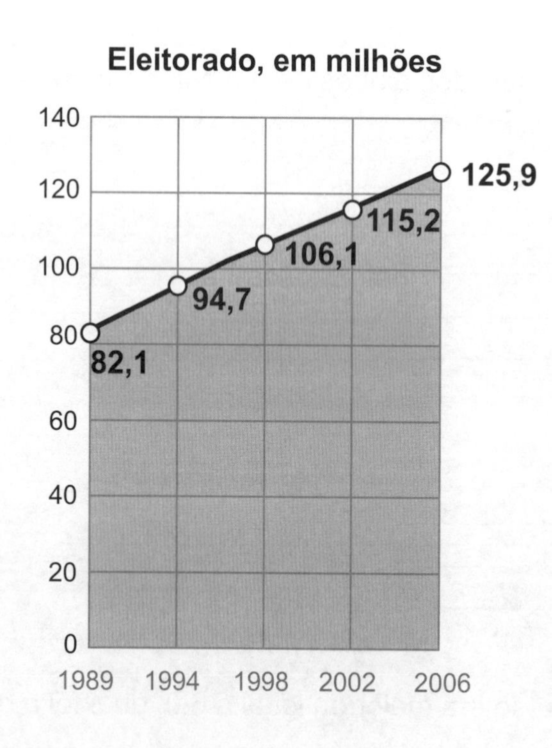

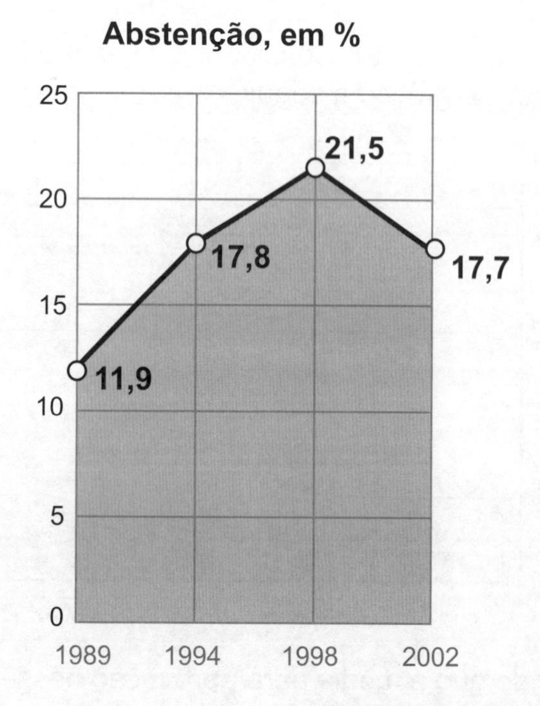

Fonte: jornal Folha de São Paulo

Pede-se:

a) De 2002 para 2006 o número de eleitores aumentou de quanto por cento?

---

b) Em 2002, quanto por cento da população se absteve de votar?

---

c) Quantas pessoas deixaram de votar em 2002, aproximadamente?

---

d) Quantas pessoas votaram em 2002 para Presidente da República?

---

134 O gráfico abaixo mostra-nos a população da cidade de São Paulo (em milhões de habitantes), em cada um dos censos demográficos, a partir de 1940.

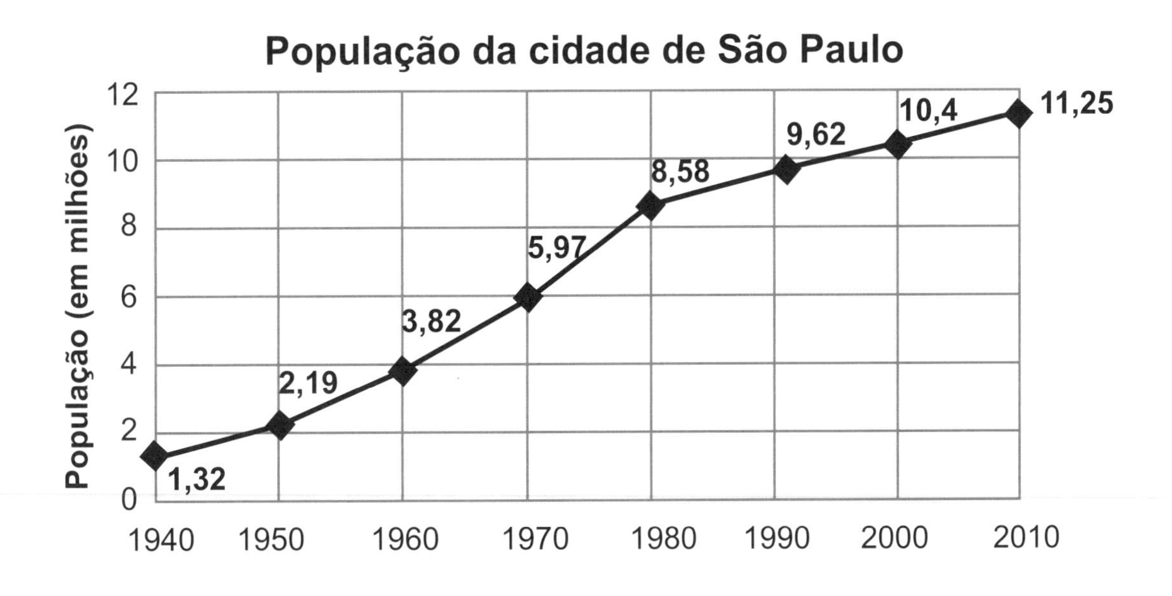

Os aumentos da população da cidade nos períodos de 1950 a 1960 e 2000 a 2010, são, respectivamente:

a) 57,3% e 8,1%

b) 17,4% e 10,8%

c) 74,4% e 7,5%

d) 74,4% e 8,1%

e) 16,3% e 8,5%

135 Chama-se taxa de urbanização de uma região, à taxa percentual da população dessa região que vive em área urbana, em relação à população total dessa região.

A tabela abaixo mostra-nos as populações urbana, rural e total dos estados de São Paulo e da Bahia, segundo o censo de 2010.

Estado	População urbana	População rural	População total
São Paulo	39 588 521	1 676 948	41 262 199
Bahia	10 102 476	3 914 430	14 016 906

Fonte: http://www.ibge.gov.br

A taxa de urbanização dos estados de São Paulo e da Bahia são respectivamente:

a) 95,94% e 72,07%
b) 4,23% e 3,87%
c) 42,35% e 38,74%
d) 40,64% e 27,92%
e) 4,06% e 2,79%

Resp: **123** a)

Forma por cento	Fração irredutível	Número decimal
20%	$\frac{1}{5}$	0,2
5%	$\frac{1}{20}$	0,05
3,5%	$\frac{7}{200}$	0,035
45%	$\frac{9}{20}$	0,45
40%	$\frac{2}{5}$	0,4
3%	$\frac{3}{100}$	0,03
4,5%	$\frac{9}{200}$	0,045
80%	$\frac{4}{5}$	0,8
16%	$\frac{4}{25}$	0,16
87,5%	$\frac{7}{8}$	0,875

124 b) 28 c) R$ 174,00

125 b) 168 c) 3000

126 c) 8% d) 12%

127 c) R$108,00 d) 34

128 b) R$120,00 c) R$1200,00 d) 21540

129 b) R$80,64 c) R$427,50

130 O 1º aumento de 10% é sobre a quantia inicial, dando origem a um novo valor. O segundo aumento de 10% é dado sobre este novo valor (maior do que a quantia inicial). Logo o aumento total é maior do que 20%.

131 e

132 a) 3,132 bilhões b) 4,7%

133 a) 9,28% b) 17,7% c) 20,39 milhões d) 94,81 milhões

134 d **135** a

VI PROBLEMAS

A equação é uma ferramenta importantíssima para a resolução de problemas. Embora muitos problemas, inclusive alguns apresentados a seguir, podem ser resolvidos sem um equacionamento formal, na maioria dos casos a equação é indispensável.

Exemplo 1: O dobro da diferença entre o triplo de um número e os seus dois terços é igual á soma de seus cinco meios com 13. Que número é esse?

Obs: Quando formos indicar a diferença ou a razão entre dois números, vamos indicar de acordo com a ordem dada no enuncido.

Solução: Sendo **x** este número, temos:

$$2\left(3x - \frac{2}{3}x\right) = \frac{5}{2}x + 13 \Rightarrow$$

$$6x - \frac{4}{3}x = \frac{5}{2}x + 13 \Rightarrow 36x - 8x = 15x + 6 \cdot 13 \Rightarrow$$

$$\Rightarrow 13x = 6 \cdot 13 \Rightarrow \boxed{x = 6}$$

Resposta: 6

Exemplo 2: Um pai tem 39 anos e seu filho 9 anos. Daqui a quantos anos a idade do pai será o triplo da idade do filho?

Solução: Se daqui a x anos a idade do pai é o triplo da idade do filho então, daqui x anos

o pai terá 39 + x,

o filho terá 9 + x e :

$$39 + x = 3(9 + x) \Rightarrow 39 + x = 27 + 3x \Rightarrow 2x = 12 \Rightarrow \boxed{x = 6}$$

Resposta: 6 anos

Exemplo 3: José tem 3 filhos e quando seus filhos nasceram ele tinha 30 anos, 33 anos e 41 anos. Se a soma das idades dos filhos de José, hoje, é 82 anos, quanto anos tem José?

Solução: Note que o mais velho tem 3 anos mais que o do meio e 11 anos mais que o mais novo. Então sendo **x** a idade do mais velho, hoje, o do meio terá (x – 3) e o mais novo (x – 11).

Então:

$$x + (x - 3) + (x - 11) = 82 \Rightarrow 3x = 96 \Rightarrow \boxed{x = 32}$$

Então, como o pai tinha 30 anos quando o mais velho nasceu, o pai tem hoje 62 anos

Resposta: 62 anos

Exemplo 4: A soma de dois números consecutivos é 387. Quais são eles:

Solução: A diferença entre dois números consecutivos é 1, então eles são x e x + 1. Logo:

$$x + x + 1 = 387 \Rightarrow 2x = 386 \Rightarrow x = 193.$$ Eles são 193 e 194

Resposta: 193 e 194

Exemplo 5: A soma de três numeros ímpares consecutivos é 747. Quais são esses números?

Solução: A diferença entre dois números ímpares consecutivos é 2 (a diferença entre dois pares consecutivos também é 2). Então, se o menor deles for x, o próximo é x + 2 e o seguinte é x + 2 + 2 = x + 4.

Como a soma dos 3 números é 747, temos:

$$x+(x+2)+(x+4)=747 \Rightarrow 3x+6=747 \Rightarrow 3x=741 \Rightarrow$$

$$x=247 \Rightarrow x+2=249 \text{ e } x+4=251$$

Resposta: 247, 249 e 251

Exemplo 6: Um número tem dois algarismos e a soma desses algarismos é 12. Trocando-se a ordem dos algarismos desse número, o número obtido excede o original em 36. Determinar esse número.

Solução: 1) Um número de dois algarismos é igual a 10 vezes o algarismo das dezenas, mais o algarismo das unidades.

Exemplo: 75 = 10(7) + 5.

2) Sendo n, o número procurado, como a soma dos algarismo é 12, se o das dezenas for x, o das unidades será (12 – x) e n = 10x + (12 – x).

3) Sendo n' o número com os algarismos trocados, isto é , (12 – x) é o algarismo das dezenas e x o das unidades, temos que n' = 10 (12 – x) + x.

Então: $n'=n+36 \Rightarrow 10(12-x)+x=10x+(12-x)+36 \Rightarrow$

$$\Rightarrow 120-10x+x=10x+12-x+36 \Rightarrow -18x=-72 \Rightarrow x=4 \Rightarrow 12-x=8$$

4 é o algarismo dos dezenas e 8 o das unidades. O número é 48.

Resposta: 48

Exemplo 7: Em um estacionamento há carros e motos num total de 69 veículos e 230 rodas. Quantos são os carros e quantas são as motos neste estacionamento?

Solução: Se x for o número de carros, 69 – x será o número de motos. Como cada carro tem 4 rodas e cada moto tem 2 rodas, e o número total de rodas é 230, temos:

$$4x+2(69-x)=230 \Rightarrow 4x+138-2x=230 \Rightarrow$$

$$\Rightarrow 2x=92 \Rightarrow x=46 \Rightarrow 69-x=69-46=23$$

Resposta: 46 carros e 23 motos

Exemplo 8: Para fazer a pavimentação de uma calçada João gasta 36 dias e Pedro, para fazer a mesma calçada, gastaria 45 dias. Em quantos dias, trabalhando juntos, os dois fariam esta pavimentação?

Solução: Seja A o número de metros quadrados da pavimentação.

Em 1 dia João faz $\frac{A}{36}$ e Pedro faz $\frac{A}{45}$ da pavimentação

Os dois trabalhando juntos farão em 1 dia:

$\frac{A}{36} + \frac{A}{45} = \frac{5A + 4A}{180} = \frac{9A}{180} = \frac{A}{20}$ da pavimentação.

Sendo n o número de dias para os dois fazerem o serviço, temos:

$n \cdot \frac{A}{20} = A \Rightarrow n = 20$

Resposta: 20 dias

Exemplo 9: Paulo vai dividir R$ 600,00 entre seus filhos Ana, Beatriz e Rodrigo de modo que Ana receba R$ 50,00 a menos que o dobro de Rodrigo e Beatriz receba metade da soma do que recebem Ana e Rodrigo. Quando receberá cada um?

Solução: 1) Se Rodrigo receber x, Ana vai receber $(2x - 50)$ e

Beatriz vai receber $\frac{1}{2}[x + (2x - 50)]$.

2) Como a soma das partes dá 600, temos:

$x + (2x - 50) + \frac{1}{2}[x + (2x - 50)] = 600 \Rightarrow$

$3x - 50 + \frac{1}{2}[3x - 50] = 600 \Rightarrow 6x - 100 + 3x - 50 = 1200 \Rightarrow$

$\Rightarrow 9x = 1350 \Rightarrow \boxed{x = 150} \Rightarrow$ Rodrigo recebe 150

3) Ana recebe $(2x - 50) \Rightarrow$ Ana recebe $2.(150) - 50 \Rightarrow$ Ana recebe 250

4) Beatriz recebe $600 - 150 - 250 \Rightarrow$ Beatriz recebe 200.

Resposta: Ana R$ 250,00, Beatriz R$ 200,00 e Rodrigo R$ 150,00

Exemplo 10: Tio Emílio vai dividir R$ 300,00 entre seus 3 sobrinhos, em partes diretamente proporcionais a suas idades, que são 5, 9 e 11 anos. Quanto recebe cada um?

Solução: Sendo a, b e c as partes, temos: $\frac{a}{5} = \frac{b}{9} = \frac{c}{11}$ e $a + b + c = 300$

1) $\frac{a}{5} = \frac{b}{9} = \frac{c}{11} = x \Rightarrow a = 5x,\ b = 9x$ e $c = 11x$

2) $a + b + c = 300 \Rightarrow 5x + 9x + 11x = 300 \Rightarrow 25x = 300 \Rightarrow \boxed{x = 12} \Rightarrow$

a = 60, b = 108 e c = 132

Resposta: R$ 60,00, R$ 108,00 e R$ 132,00,

136 Determinar o número que satisfaz a condição dada, nos casos:

a) A soma dele com seus dois terços é 30.

b) A soma dele com 21 é igual à soma dos seus cinco sextos com os seus três quartos

c) A terça parte dele **somado** com 18 dá 8.

d) A terça parte dele **somada** com 18 dá 8.

137 Em cada caso são dados dois números cuja soma é 120. Determinar esses números.

a) A diferença entre eles é 50

b) Um deles somado com 20 é igual à diferença entre o triplo do outro e 20.

c) A metade dos três quintos de um é igual ao dobro dos três quartos do outro.

d) Dois quintos da diferença entre eles é igual um terço da soma deles

138 A diferença entre dois números é 12. Determinar esses números nas casos:

a) A soma deles é 100.

b) A soma do dobro do maior com o triplo do outro é 149

c) A soma dos cinco sextos do maior com os três quartos do outro é 86.

d) A soma da metade do sucessor do menor com a terça parte do antecessor do outro é 60.

139 Determinar três numeros (inteiros) consecutivos, nos casos:

a) A diferença entre o triplo do maior e o menor é igual ao do meio somado com 104.

b) A soma dos quadrados dos dois maiores é igual à soma do dobro do quadrado do menor com 125.

c) A soma deles é 86.

140 Resolver:

a) Determinar três números pares consecutivos sabendo que a soma deles é 228.

b) Determinar três números pares consecutivos sabendo que a soma da metade do menor com a terça parte do maior e a quarta parte do outro é 121.

c) Determinar três números ímpares consecutivos, sabendo que a soma dos dois maiores é igual ao sucessor do menor somado com 120.

d) Determinar três números ímpares consecutivos sabendo que cinco sextos do menor somados com um quarto do maior e com a metade do outro dá 192.

e) Um número é de dois algarismo e a soma desses algarismos é 9 trocando-se a ordem dos algarismos, a metade do número obtido excede o número original em 9 unidades. Determinar este número.

f) A somados dos algarismos, de um número de dois algarismo é 12. A razão entre este número e o número obtido trocando-se a ordem dos algarismos é 4 : 7. Determinar este número.

141 Resolver:

a) Um pai tem 49 anos e seu filho 25 anos. Há quantos anos a idade do pai era igual ao triplo da idade do filho?

b) Se do triplo da idade de Pedro subtrairmos o dobro da idade que ele tinha há 8 anos, o resultado obtido será o quíntuplo da idade que Pedro tinha há 20 anos. Qual é a idade de Pedro?

c) A soma das idades de João e Paulo é 62 anos e daqui a 4 anos a razão entre as idades de João e Paulo será 5 : 2. Quais as idades deles?

d) A idade de um pai é o triplo da idade de seu filho. Daqui a 6 anos a idade do pai será o dobro da idade que o filho terá daqui a 12 anos. Determinar as idades deles.

e) A soma das idades de Daniel e Giovana é 34 anos. Se há 11 anos a idade de Daniel era o dobro da idade de Giovana, quais as idades deles?

Resp: **136** a) 18 b) 36 c) 6 d) – 30 **137** a) 85 e 35 b) 80 e 40 c) 100 e 20 e) 110 e 10

138 a) 44 e 56 b) 25 e 37 c) 48 e 60 d) 67 e 79 **139** a) 99, 100 e 101 b) 20, 21, 22

c) não existem inteiros consecutivos cuja soma é 86

142 Resolver:

a) Em uma chácara há coelhos e galinhas, num todos de 41 cabeças e 130 pés. Quantos coelhos e quantos galinhas há na chácara?

b) O gerente de uma empresa dividiu o número de operários em quatro grupos. O primeiro tem $\frac{1}{3}$ dos operários, o segundo $\frac{1}{4}$, o terceiro $\frac{1}{6}$ e o quarto os 30 operários restantes. Quantos operários tem esse empresa.

c) Que horas são, se o que ainda resta para terminar o dia e $\frac{7}{5}$ do que já passou?

d) João em um passeio pela cidade gastou $\frac{2}{5}$ do dinheiro que portava na compra de tênis, $\frac{1}{4}$ do resto em uma livraria, R$ 40,00 em um restaurante e voltou, com $\frac{5}{12}$ do que tinha no início, para casa. Quando ele tinha no início?

e) Paulo ao sair de férias, foi passar uns dias em um hotel fazenda. Ele notou que se gastasse R$ 240,00 por dia poderia fica 4 dias a mais do que se gastasse R$ 300,00 por dia. Qual a importancia que ele dispunha para gastar na viagem?

143 Resolver:

a) Uma torneira enche um tanque em 12 horas e uma outra enche este mesmo tanque em 18 horas. Em quanto tempo as duas juntas encherão este mesmo tanque?

---

b) Compareceram em um baile 20 pessoas. A 1ª dama dançou com 7 rapazes; a 2ª com 8; a 3ª com 9 e assim por diante até que a última dançou com todos eles. Quandos rapazes haviam no baile?

---

c) Que número devemos somar ao numerador e ao denominador da fração $\frac{3}{7}$, para que ela fique equivalente à fração $\frac{3}{5}$.

---

d) Um vaso contém, misturados 3 litros de gasolina e 7 de álcool. Quantos litros de álcool devemos adicionar à mistura para que $\frac{2}{3}$ da nova mistura seja de álcool?

Resp: **140** a) 74,76 e 78 b) 110, 112 e 114 c) 115, 117 e 119 d) Não existem ímpares consecutivos satisfazendo a condição dada e) 27 f) 48 **141** a) 13 anos b) 29 anos c) João 46 anos e Paulo 16 anos d) 54 anos e 18 anos e) 19 anos e 15 anos

144 A diferença entre um número de dois algarismos e outro escrito com os mesmos algarismos mas em outra ordem é 36. Calculá-los, sabendo-se que o número das dezenas do primeiro é igual ao inteiro consecutivo ao dobro do algarismo das unidades desse mesmo número.

---

145 Em um número de dois algarismos, o valor absoluto do algarismo das dezenas é igual ao dobro do das unidades. Se subtrairmos 27 do número, obteremos outro número com os mesmos algarismos em ordem inversa. Calcular o número.

---

146 Em um número de dois algarismos, o valor absoluto do algarismo das unidades excede de 2 o das dezenas. Se somarmos ao número, o triplo do valor absoluto do algarismo das unidades, obteremos o número 36. Calcule o número.

---

147 Tenho a importância de R$ 270,00 em 35 notas de R$ 10,00 e R$5,00. Quantas cédulas de cada espécie eu tenho?

---

148 Uma mulher comprou galinhas e coelhos, ao todo 15 animais; comprou galinhas à razão de R$ 6,00 cada uma e os coelhos à razão de R$ 11,00 cada um, pagou por todos R$ 120,00. Quantos animais comprou de cada espécie?

---

149 A idade de um pai é o triplo da do filho. Dentro de 10 anos a idade do pai será o dobro da do filho. Qual a idade de cada um?

---

150 Um pai tem atualmente o dobro da idade do filho. Há 11 anos a idade do pai era o triplo da do filho. Quais são atualmente as idades de cada um?

---

151 Perguntando-se a uma pessoa que idade tem, respondeu: se do triplo de minha idade subtrairmos o quíntuplo da idade que tinha há 12 anos, teremos minha idade atual. Que idade tem a pessoa?

---

152 Uma pessoa foi passar uns dias de férias numa cidade. Verificou que se gastasse R$ 80,00 por dia, poderia permanecer na cidade um dia a mais do que se gastasse R$ 90,00. Quanto possuía a pessoa?

---

153 Um tio tinha certa importância a distribuir entre seus sobrinhos e verificou que dando R$ 30,00 a cada um, lhe faltariam R$ 70,00 e dando R$ 20,00 a cada um lhe sobrariam R$ 20,00. Quanto possuía o tio?

---

154 Um pedreiro foi admitido ao serviço nas seguintes condições: receberia R$ 20,00 cada dia que trabalhasse e pagaria uma multa de R$ 4,00 cada dia que faltasse. No fim de 30 dias o pedreiro recebeu R$ 480,00. quantos dias trabalhou?

---

155 A pode fazer um trabalho em 6 dias e B, em 8 dias. Juntos, em quantos dias poderão fazer o mesmo trabalho?

---

156 A e B fazem juntos, um trabalho em 6 dias. Se a faz o mesmo trabalho em 15 dias, em quantos dias B fará esse mesmo trabalho?

157 Um tanque é cheio por 3 torneiras em 24, 30 e 20 minutos, respectivamente. Em quanto tempo as 3 juntas encherão o tanque?

---

158 Duas vasilhas contém em conjunto 36 litros de água. Se transferíssemos, para a que tem menos água, $\frac{2}{5}$ da água contida na outra, ficariam ambas com a mesma quantidade de água. Quantos litros de água contém cada vasilha?

---

159 Determinar um número de três algarismos compreendido entre 400 e 500, sabendo que a soma dos seus algarismos é 9 e que o número invertido é igual a $\frac{36}{47}$ do número primitivo.

---

160 Um número é formado por dois algarismos cuja soma é 9. Trocando de posição os seus algarismos, o novo número ultrapassa de 45 unidades o dobro do primeiro. Calcular o número.

---

161 Determinar a fração equivalente a $\frac{7}{15}$, cuja soma dos termos é 198.

---

162 Um número é composto de 3 algarismos, cuja soma é 18, o algarismo das unidades é o dobro do das centenas e o das dezenas é a soma do das unidades e das centenas. Qual é o número?

---

163 Duas torneiras enchem um tanque em 4 horas. Uma delas sozinha enchê-lo-ia em 7 horas. Em quantos minutos a outra sozinha, encheria o tanque?

---

164 Em uma bolsa há R$ 35,50 em moedas de R$ 2,00 e de R$ 0,50. Sabendo-se que o total de moedas é 26, calcular o número de moedas de cada valor.

---

165 Uma pilha de 40 tábuas têm 1,7 m de altura: sabendo - se que as tábuas têm umas de 2 cm e outras de 5 cm de espessura, diga quantas são as de 2 cm.

---

166 Num colégio há moças e rapazes, ao todo 525 alunos. Sabendo-se que a soma dos quocientes do número de rapazes por 25 e do número de moças por 30 é igual a 20, calcular o número de rapazes e de moças.

---

167 Uma torneira enche um tanque em 3 horas e outra o enche em 4 horas. O cano de escoamento o esvazia em 6 horas. Em quanto tempo o tanque ficará cheio se abrirmos, ao mesmo tempo, as torneiras e o cano de escoamento?

Resp: **142** a) 17 galinhas, 24 coelhos b) 120 operários c) 10 horas d) R$ 1200,00 e) R$ 4800,00 **143** a) 7h, 12 min. b) 13 rapazes c) 3 d) x = 11

Problemas (continuação)

Na resolução de problemas com o auxílio de uma equação ou de um sistema de equações, normalmente devemos observar quatro passos:

1) Denominar por a, b, n, x, y, ... os valores desconhecidos (as incógnitas) que queremos determinar.
2) Usando estas incógnitas e os dados do enunciado, montamos a equação ou sistema cuja sentença corresponda ao enunciado.
3) Resolvemos a equação ou o sistema obtido.
4) Escolhemos para resposta o valor obtido que seja coerente com o enunciado.

Exemplo 1: João e Paulo colecionam selos. A soma do dobro do número de selos de João com o número de selos de Paulo dá 420 e a diferença entre o triplo do que tem Paulo e o número que tem João dá 210. Quantos selos tem cada um deles?

Solução: 1) João tem x e Paulo tem y

$$2)\ \begin{cases} 2x + y = 420 \\ 3y - x = 210 \end{cases} \Rightarrow \begin{cases} 2x + y = 420 \\ -2x + 6y = 420 \end{cases} \Rightarrow 7y = 2(420) \Rightarrow$$

$$y = 2(60) \Rightarrow \boxed{y = 120} \Rightarrow 2x + 120 = 420 \Rightarrow \boxed{x = 150}$$

Resposta: João tem 300 selos e Paulo tem 120 selos

Exemplo 2: A soma dos quadrados de 3 números ímpares naturais consecutivos é 155. Determinar esses números.

Solução: 1) Os números são x, x + 2 e x + 4

$$2)\ x^2 + (x+2)^2 + (x+4)^2 = 155 \Rightarrow$$

$$x^2 + x^2 + 4x + 4 + x^2 + 8x + 16 = 155 \Rightarrow$$

$$3x^2 + 12x - 135 = 0 \Rightarrow x^2 + 4x - 45 = 0 \Rightarrow$$

$$(x+9)(x-5) = 0 \Rightarrow x = -9 \text{ ou } x = 5$$

Como – 9 não é natural, obtemos que o único valor de x que nos interessa é x = 5

Os números são x = 5, x + 2 = 5 + 2 = 7 e x + 4 = 5 + 4 = 9

Resposta: 5; 7 e 9

Obs: Se fossem 3 números ímpares consecutivos serveriam também os números – 9, – 7 e – 5.

Resp: **144** 73 **145** 63 **146** 24 **147** 16 cédulas de R$ 5,00 e 19 de R$ 10,00 **148** 9 galinhas e 6 coelhos
149 Pai: 30 anos e filho: 10 anos **150** Pai: 44 anos e filho: 22 anos **151** 20 anos **152** R$ 720,00 **153** R$ 200,00
154 25 dias **155** $3\frac{3}{7}$ d **156** 10d **157** 8 min. **158** 30 e 6 litros **159** 423 **160** 18
161 $\frac{63}{135}$ **162** 396 **163** 9h e 20min. **164** 15 de R$ 2,00 e 11 de R$ 0,50 **165** 10
166 375 rapazes e 150 moças **167** 2h 24min.

Exemplo 3: Um retângulo tem 36 cm^2 de área. Se um dos lados excede o outro em 5 cm, quais as dimensões deste retângulo.

Solução:

(Retângulo de lados $x + 5$ e x)

1) Um lado mede x e o outro x + 5

2) $x(x+5)=36 \Rightarrow$

$x^2+5x-36=0$

$(x+9)(x-4) \Rightarrow x=-9$ ou $x=4 \Rightarrow x=4$

$x=4 \Rightarrow x+5=4+5=9$

Resposta: 4 cm e 9 cm

Exemplo 4: Tio Antônio (Titonho) convidou todos os seus sobrinhos para uma caminhada e no final ia dividir R$ 560,00 entre seus sobrinhos. Como dois sobrinhos não compareceram, isto acarretou em um aumento de R$ 14,00 na parte que caberia a cada um, se todos tivessem comparecido. Quantos sobrinhos tem Titonho?

Solução:

1) O número de sobrinhos é **n**

2) $\dfrac{560}{n-2}=\dfrac{560}{n}+14$, mmc = n (n – 2)

$560n=560(n-2)+14n(n-2) \quad 560 : 14=40 \Rightarrow$

$40n=40(n-2)+n^2-2n \Rightarrow n^2-2n-80=0 \Rightarrow$

$(n-10)(x+8)=0 \Rightarrow n=10$ ou $n=-8 \Rightarrow \boxed{n=10}$

Resposta: 10 sobrinhos

Exemplo 5: Quando somamos 5 a cada termo de uma fração, obtemos uma fração equivalente a $\dfrac{4}{5}$ e quando subtraímos 3 de cada termo, obtemos uma equivalnte a $\dfrac{2}{3}$. Determinar esta fração.

Solução: Seja $\dfrac{x}{y}$ a fração. Então: $\dfrac{x+5}{y+5}=\dfrac{4}{5}$ e $\dfrac{x-3}{y-3}=\dfrac{2}{3} \Rightarrow$

$$\begin{cases}5(x+5)=4(y+5)\\3(x-3)=2(y-3)\end{cases} \Rightarrow \begin{cases}5x+25=4y+20\\3x-9=2y-6\end{cases} \Rightarrow \begin{cases}5x-4y=-5\\3x-2y=3\end{cases} \Rightarrow$$

$$\Rightarrow \begin{cases}5x-4y=-5\\-6x+4y=-6\end{cases} \Rightarrow -x=-11 \Rightarrow \boxed{x=11} \Rightarrow 3(11)-2y=3 \Rightarrow 2y=30 \Rightarrow$$

$$\Rightarrow y=15 \Rightarrow \frac{x}{y}=\frac{11}{15} \Rightarrow$$

Resposta: $\dfrac{11}{15}$

Indrodução para o próximo exemplo

Em problemas que envolvem movimento de um corpo (objeto, veículo, animal, pessoa) considerar que:

I) A velocidade do corpo, em cada percurso, é constante e positiva.

II) As mudanças de sentido ou velocidade são feitas instantaneamente.

III) Se um barco com velocidade própria x está em um rio cuja correnteza (fluxo de água) tem velocidade y, com x maior que y, a velocidade do barco em relação à margem será x + y quando ele desce e x – y quando ele sobe o rio (descer e subir significam, respectivamente, ir a favor ou contra a corrente).

Relação entre espaço (s), velocidade (v) e tempo (t)

Se um móvel gasta 2 horas para ir de um ponto A até um ponto B de uma estrada, com a distância entre A e B, pela estrada, igual a 50 Km, dizemos que em cada hora ele percorreu 25 km

A razão $\frac{50\text{Km}}{2\text{h}} = 25\,\text{km/h}$ é chamada velocidade do móvel neste percurso. Leitura: 25 km por hora

Indicando o espaço percorrido de 50km por **s**, o tempo de 2 horas por **t** e a velocidade de 25 km/h por **v**.

Note que $\frac{50\,\text{km}}{2\,\text{horas}} = 25\,\text{km/h} \Rightarrow \frac{s}{t} = v \Rightarrow s = vt.$

A fórmula usada na resolução de problemas será

$$\boxed{s = vt}$$

Obs.:

1) Se o espaço for medido em km e o tempo em horas (h), a velocidade será em km/h. Leitura: quilômetros por hora.

2) Se o espaço for medido em metros (m) e o tempo em segundos (s), a velocidade será em m/s. Leitura: metros por segundo

3) $1\text{h} = 60\,\text{min}, \quad 1\text{min} = 60\text{s} \Rightarrow 1\text{h} = 3600\text{s} \Rightarrow 1\text{s} = \frac{1}{3600}\text{h}$

4) $1\text{km} = 1000\,\text{m}, \quad 1\text{km} = 10\,\text{hm} = 100\,\text{dam} = 1000\,\text{m} = 10000\,\text{dm} = \ldots$

1 m = 10 dm = 100 cm = 1000 mm

2,345 km = 23,45 hm = 234,5 dam = 2345 m = 23450 dm = ...

3456 m = 345,6 dam = 34,56 hm = 3,456 km.

Exemplo 6: Usando a fórmula s = vt, resolver:

Obs.: Na equação, colocar apenas os valores numéricos de s, t e v e na resposta colocar a unidade correspondente (km, h, km/h, m, s, m/s), de acordo com o enunciado.

a) Qual é o espaço percorrido por um carro em 3 horas, com a velocidade de 70 km/h?

Solução: $s = vt \Rightarrow s = 70 \cdot 3 \Rightarrow s = 210 \Rightarrow s = 210\,\text{km}$

b) A que velocidade está um trem que percorre 400 km em 8 horas?

Solução: $s = vt \Rightarrow 400 = v \cdot 8 \Rightarrow v = 400 : 8 \Rightarrow v = 50 \Rightarrow v = 50\,\text{km/h}$

c) Qual o tempo que um ciclista levou para percorrer 50 km a uma velocidade de 20 km/h?

Solução: $s = vt \Rightarrow 50 = 20 \cdot t \Rightarrow t = \frac{5}{2} = 2{,}5 \Rightarrow 2\,\text{h}, 05\,\text{h} \Rightarrow 2\,\text{h}\,30\,\text{min}$

d) Quando um dos maiores corredores dos 100 m faz este percurso em 10 segundos, qual é a sua velocidade em km/h?

Solução: 1) 100 m = 10 dam = 1 hm = 0,1 km.

2) $1\,\text{h} = 60\,\text{min.} = 60 \cdot 60\,\text{s} \Rightarrow 1\,\text{h} = 3600\,\text{s} \Rightarrow 1\,\text{s} = \frac{1}{3600}\,\text{h} \Rightarrow 10\,\text{s} = \frac{1}{360}\,\text{h}$

3) $s = vt \Rightarrow 0{,}1\,\text{km} = v \cdot \frac{1}{360}\,\text{h} \Rightarrow v = 360 \cdot 0{,}1\,\text{km/h} \Rightarrow v = 36\,\text{km/h}$

Resposta: 36 km/h

Exemplo 7: Dois ciclistas partem no mesmo instante e no mesmo sentido de dois postos A e B, com velocidades, respectivamente, de 8 km/h e 5 km/h. Sabendo que o que parte de A vai alcançar o que sai de B, em quanto tempo ele o alcançará ?

Solução: Na maioria das vezes é interesssanto esboçar uma figura ilustrando o enunciado

8 km/h
5 km/h
A
B
P
18 km

Sendo P o ponto no qual o que parte A vai alcançar o outro, como s = vt, temos:

$AP = 8 \cdot t$ e $BP = 5t$ e $AP = BP + 18$, obtemos:

$8t = 5t + 18 \Rightarrow 3t = 18 \Rightarrow t = 6 \Rightarrow t = 6\,\text{horas}$

Resposta: em 6 horas

Exemplo 8: A distância entre duas cidades A e B é de 310 km. Um ciclista parte de B, com velocidade de 15 km/h, em direção a A e outro parte de A, duas horas mais tarde, com velocidade de 20 km/h, em direção a B. Determinar:

a) Depois de quando tempo, que o mais lento iniciou a viagem, dar - se - á o encontro?

b) A que distância de A isto ocorrerá?

Solução:

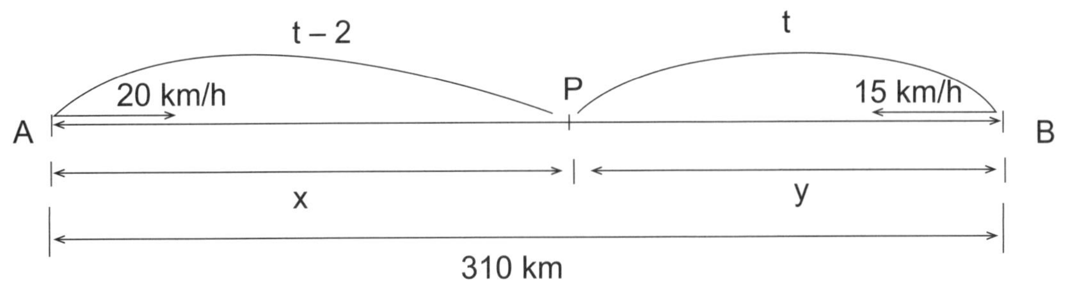

1) Sendo **t** o número de horas que gasta, o que sai de B, até o encontro em P, note que o que sai de A vai gastar (t – 2) horas para ir de A até P. Fazendo AP = x, BP = y, note que x + y = 310.

2) $x = 20\ (t - 2)$ e $y = 15(t)$. Então

$$20\ (t - 2) + 15t = 310 \Rightarrow 20t - 40 + 15t = 310 \Rightarrow 35t = 350 \Rightarrow$$

$$\Rightarrow t = 10 \Rightarrow 10 \text{ horas}$$

3) $x = 20\ (t - 2),\ t = 10 \Rightarrow x = 20\ (10 - 2) \Rightarrow x = 160$

Resposta: a) 10 horas b) 160 km

Exemplo 9: Um grupo de ciclistas acompanhado de uma moto seguem por uma estrada a 20 km/h. O motociclista recebe uma ordem de ir a 60 km/h até um posto distante 240 km de onde estão, no mesmo sentido, e voltar para encontrar os ciclistas, que iam continuar a 20 km/h, no mesmo sentido. Quanto tempo o motociclista gastará desde que parte até reencontrar o grupo?

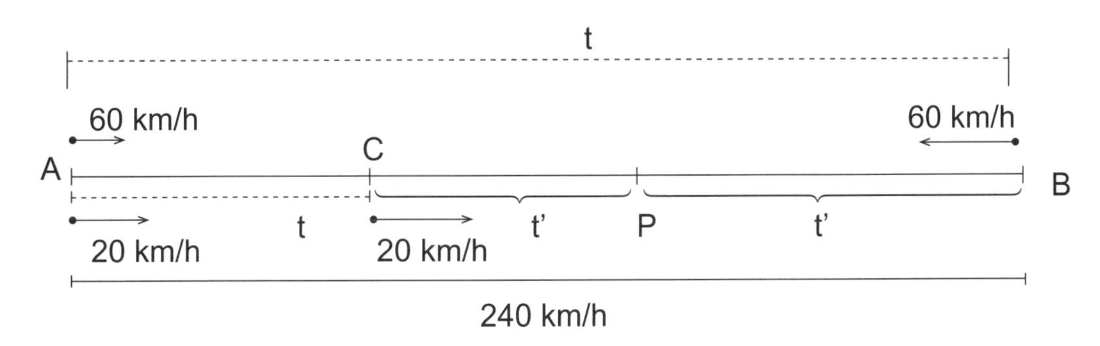

1) $240 = 60\ t \Rightarrow t = 4 \Rightarrow AC = 20(4) \Rightarrow AC = 80$ km.

2) $20\ t' + 60\ t' = 240 - 80 \Rightarrow 80t' = 160 \Rightarrow t' = 2h \Rightarrow t + t' = 2 + 4 = 6$ horas

Resposta: 6 horas

168 Resolver os seguintes problemas:

a) Cláudia e Renata colecionam gibis. O dobro do que tem Cláudia, somado com o que tem Renata dá 250 e o triplo do que tem Cláudia, menos o que tem Renata, dá 200. Quantos gibis tem cada uma?

---

b) A soma do dobro de um número com um menor dá 178 e a divisão do maior pelo menor da quociente 2 e deixa resto 9.Determinar esses números.

---

c) Em um cercado de uma chácara há perus e coelhos, num total de 330 pernas. Sabe-se que se dividirmos o dobro do número de perus pelo de coelhos, o quociente será 5 e o resto será 20 unidades a menos que o número de coelhos. Quantos perus o coelhos tem neste cercado?

169 Resolver:

a) Daqui a 14 anos a idade de um pai será o dobro da idade de seu filhos e há 10 anos a soma das idades deles era 30 anos. Quais são as idades deles?

---

b) Um número é formado por dois algarismos e o dobro do algarismo das unidades excede o algarismo das dezenas em uma unidade. Invertendo-se a ordem dos algarismos, o dobro do número obtido excede o original em 20 unidades. Determinar esses números.

---

c) Em um número de dois algarismos, um excede o outro em 5. Escrevendo em ordem inversa, o número obtido fica $\frac{3}{8}$ do original. Determine - o

170 Resolver:

a) A soma dos quadrados de três números pares positivos consecutivos é 440. Determinar esse números.

---

b) Tio Fernando (Tinando) ia dividir R$ 1200,00 entre seus sobrinhos. Na hora da divisão 2 sobrinhos abriram mão de suas partes, ocasionando um aumento de R$ 100,00 na parte de cada um dos restantes. Quantos sobrinhos tem Tinando?

---

c) Sérgio é 5 anos mais velhos que Célia e há 30 anos, a soma dos quadrados das idades deles era 325 anos. Quais as idades deles hoje?

171 Resolver:

a) Três números naturais são múltiplos consecutivos de 5.Se a soma do produto do menor pelo maior com o quadrado do outro é 425, quais são eles?

---

b) O número de pontos que Maria tirou em uma prova é uma número de dois algarismos. Somando-se este número com o número obtido quando a ordem dos algarismos é invertida é 132. E dividindo o original pelo com a ordem invertida obtém-se quociente 2 e resto 15. Qual foi a nota de Maria na prova?

---

c) Um retângulo tem 24 cm de perímetro e 32 cm^2 de área. Determinar as dimensões deste retângulo.

Resp: **168** a) Cláudia tem 90 e Renata tem 70 b) 73 e 32 c) 95 perus e 35 coelhos

169 a) O pai tem 38 anos e o filho 12 anos b) 74 c) 72

172 Resolver:

a) A que velocidade deve estar um carro para percorrer 240 km em 3 horas?

b) Qual é a velocidade de um veículo que percorre 300 m em 4 s?

c) A 60 km/h, quanto tempo um automóvel leva para percorrer 180 km?

d) Quanto tempo um veículo leva para percorrer 1500 m a 50 m/s.

e) Qual é o espaço percorrido por um veículo em 3 h a 78 km/h?

f) Qual é o espaço percorrido por um veículo em 31 s a 27 m/s?

g) Que espaço percorreu um ciclista em 2,5 h a 30 km/h?

h) Um automóvel gasta 3 horas para fazer a 100 km/h, uma viagem. Quanto tempo ele gastaria a 60 km/h?

i) Para percorrer 375 km um carro gasta 5 horas. Quantas horas ele gasta para percorrer, com a mesma velocidade, 225 km?

173 Resolver:

a) Viajando a 70 km/h um veículo gasta 6 horas para chegar ao seu destino. Qual deve ser a sua velocidade para fazer a viagem em 5 horas?

b) Um carro percorre 360 km a 60 km/h. Qual velocidade deve ser imposta ao carro para ele percorrer no mesmo tempo 420 km?

c) Para percorrer 540 km um veículo gasta 9 horas. Com a mesma velocidade, quantos quilômetros ele percorrerá em 4 horas?

d) Um motociclista faz uma viagem de 384 km a 64 km/h. No mesmo tempo, a 55 km/h, quantos quilômetros ele percorrerá?

e) Duas pessoas partem no mesmo instante e sentido de dois pontos A e B sobre uma estrada, onde AB = 15 km, com velocidade de 7 km/h e 4 km/h. Sabendo que um alcançará o outro, depois de quanto tempo isto ocorrerá.

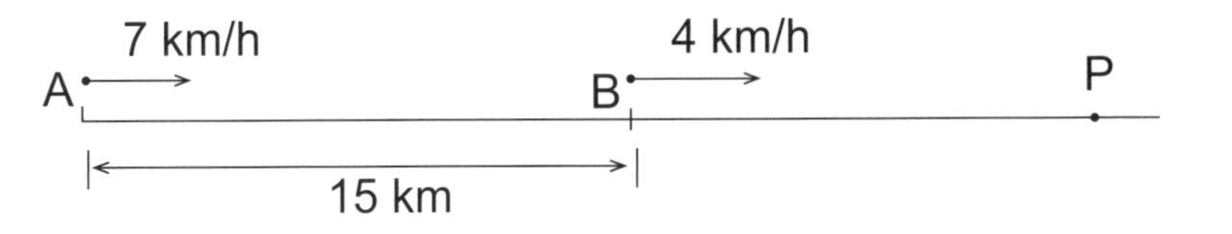

Resp: **170** a) 10,12 e 14 b) 6 sobrinhos c) Sérgiio tem 45 anos e Célia tem 40 anos

171 a) 10,15 e 20 b) A nota foi 93 c) 4 cm e 8 cm

174 Resolver:

a) Dois motoclistas partem no mesmo instante de dois pontos A e B de uma estrada, no sentido de A para B, com AB = 80 km, com velocidades de 100 km/h e 80 km/h. Se um encontra o outro, a que distância de B dar-se-á o encontro, se de B sai o mais lento?

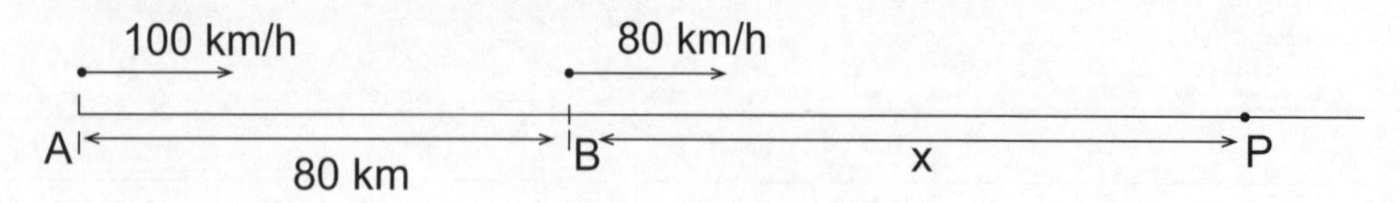

b) A distância entre dois pontos A e B de uma estrada é 165 km. Um ciclista parte de A em direção a B a 25 km/h, e três horas mais tarde parte outro de B, em direção a A, a 20 km/h. Depois de quanto tempo eles se encontrarão? A que distância de A dar - se - á o encontro?

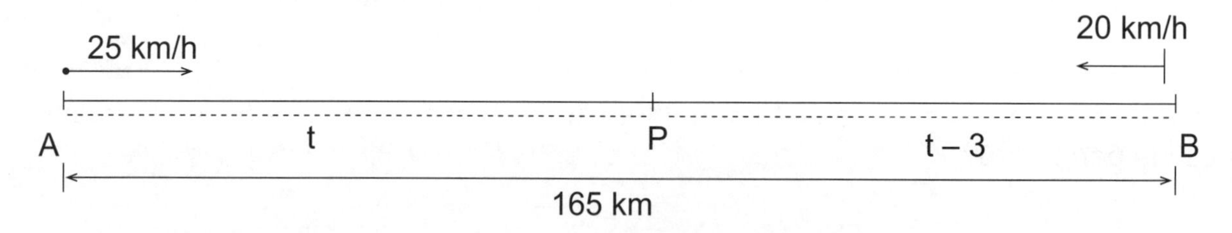

c) As águas de um rio tem a velocidade de 4 km/h e um barco com velocidade própria de 20 km/h sai de um ponto A do rio e desce até um ponto B, com AB = 96 km e sobe de volta até A.

Quanto tempo ele gastou para ir e voltar?

(20 + 4) km/h   4 km/h   (20 – 4) km/h

A   96 km   B

175 Resolver:

a) Dois postos A e B estão nas margens de um rio, com AB = 110 km. Um barco com velocidade própria de 16 km/h desce de A até B e volta de B até A em 16 horas. Qual é a velocidade das águas do rio?

---

b) Um barco com velocidade própria de 20 km/h percorre rio abaixo em $\frac{3}{5}$ do tempo que leva para percorrer a mesma distância rio acima. Qual é a velocidade da correnteza do rio?

Resp: **172** a) 80 km/h b) 75 m/s c) 3 horas d) 30 s e) 234 km f) 837 m g) 75 km h) 5 horas i) 3 horas **173** a) 84 km/h b) 70 km/h c) 240 km d) 330 km e) 5 horas

176 Resolver:

a) Numa árvore pousam pássaros. Se pousarem 4 pássaros em cada galho, ficam 2 galhos sem pássaros. Se pousarem 3 pássaros em cada galho, ficam 3 pássaros sem galhos. Qual é o número de pássaros?

---

b) Uma lebre da 4 saltos, enquanto que um galgo da 3 saltos, mas 2 saltos de galgo equivalem a 3 de lebre. Estando a lebre adiantada 50 saltos, quantos saltos precisa dar o galgo par alcançá-la?

---

c) Ao dividir 400 balas entre um número de crianças, uma pessoa verificou que se houvesse 5 crianças a menos, cada uma receberia 4 balas a mais. Qual é o número de crianças?

177 Resolver os seguintes problemas:

a) O quadrado de um número é igual à soma deste número com 6. Ache este número.

b) O quádruplo da soma de um número com 3 é igual ao quadrado deste número. Determine-o.

c) A soma dos quadrados de 3 números inteiros consecutivos é 365. Determine-os.

d) Dividir 20 em duas parcelas tais que o seu produto seja 96.

e) Decompor 56 em dois fatores tais que a soma seja 18.

---

178 Resolver os problemas:

a) Se do quadrado de um número tiramos o seu quíntuplo, obtemos 84. Determinar este número.

b) A soma dos quadrados de três números ímpares consecutivos é 515, determine-os.

c) Um homem caminhou 300 km. Sabe-se que se ele caminhasse 5 km a mais por dia, teria gasto 2 dias a menos. Quantos dias ele gastou para caminhar os 300 km?

d) Danilo percorreu 164 km em 10 horas, a pé e de bicleta. Se ele percorreu 24 km a pé e, de bicleta, ele faz 12 km/h a mais do que a pé, qual a sua velocidade quando está de bicleta?

e) Um grupo de pessoas tem que pagar uma conta de R$ 72.000,00. Se houvesse 3 pessoas a menos, cada uma deveria pagar R$ 4.000,00 a mais. Quantas pessoas há?

---

179 Resolver:

a) A soma dos quadrados dos algarismos de um número de dois algarismos é 10. Subtraindo 18 do número original obtemos um número escrito com os mesmos algarismos, mas em ordem inversa. Determinar este número.

b) Determinar um número de dois algarismos que é igual a 4 vezes a soma dos algarismos e é igual a 3 vezes o produto dos algarismos.

---

180 Resolver:

a) Há 18 anos a idade de uma pessoa era o duplo de uma outra; em 9 anos a idade da 1ª pessoa passou a ser $\frac{5}{4}$ da 2ª. Que idade tem as duas atualmente?

b) Um pai diz ao filho: Hoje a sua idade é $\frac{2}{7}$ da minha; há 5 anos era $\frac{1}{6}$. Qual a idade do pai e a do filho?

c) Achar um número de dois algarismos, sabendo-se que, 4 vezes o algarismo das dezenas menos o das unidades é igual a 5; e sabendo-se que invertendo a ordem dos algarismos obtém-se um outro número que excede o número procurado de 36.

d) Determinar dois números sabendo-se que o dobro da sua diferença é 2 e que o quádruplo do inverso de sua soma é 6.

e) Qual a fração que iguala a $\frac{2}{3}$, acrescentando-se 1 a cada termo, e vem a ser $\frac{1}{2}$, subtraindo-se 1 de cada termo.

Resp: **174** a) 320 km b) 5h; 125 km c) 10 h **175** a) 6 km/h b) 5 km/h

181 Resolver:

a) De uma cidade parte um automóvel com a velocidade de 60 km/h. Dez minutos após parte ur segundo automóvel que faz 80 km/h. Depois de quanto tempo o segundo automóvel encontrar o primeiro?

b) Da estação A parte um trem com a velocidade de 48 km/h no mesmo instante parte da estaçã B, que está na mesma linha a 27 km à frente, e seguindo a mesma direção, um outro trem cor a velocidade de 42 km/h. Após quanto tempo se encontrarão?

c) De duas cidades A e B, distantes uma da outra de 360 km, partem simultaneamente dois tren de carga que se deslocam em sentidos contrários. O que parte de A tem a velocidade de 10 km/ e o que parte de B tem a velocidade de 8 km/h. A que distância de A vão passar um pelo outro

d) Um segmento de reta AB mede 1260 m. De A parte para B um móvel com a velocidade de 10 m/min Seis minutos depois parte de B para A outro móvel com a velocidade de 6 m/min.. Calcule a dis tância de B ao ponto de encontro dos dois móveis.

e) Um bote tem uma velocidade de 25 km/h e pode navegar certa distância, rio abaixo, em $\frac{2}{3}$ d tempo que leva para navegar a mesma distância rio acima. Qual a velocidade da correnteza d rio?

f) A velocidade da correnteza de um rio é de 2 km/h. O tempo que um barco gasta para percorre 28 km a favor da correnteza (rio abaixo) é o mesmo que o bote leva para percorrer 20 km contr a correnteza (rio acima). Qual a velocidade do barco?

---

182 Resolver:

a) Duas torneiras enchem um tanque em 15 minutos. Se abrirmos a 2ª torneira 5 minutos depoi da 1^a, o tanque será cheio em 18 minutos. Quanto tempo levará cada torneira para encher tanque?

b) Uma raposa está adiantada de 40 pulos sobre um cão que a persegue. Enquanto o cão dá pulos, a raposa dá 5; mas 3 pulos de cão valem 5 pulos da raposa. Quantos pulos dará o cã para alcançar a raposa?

c) João disse a Pedro: "Tenho 4 vezes a idade que você tinha quando eu tinha sua idade, e quar do você tiver tantos anos como tenho, terei ainda 9 anos a mais que você." Quais são as dua idades?

d) Sobre uma pista circular de 1200 m correm dois veículos. Correndo os dois no mesmo sentido o 1° encontra o 2° cada 200 segundos; e correndo em sentido contrário o encontro passa a se de 100 em 100 segundos. Qual a velocidade de cada um?

183 Resolver:

) Dois jogadores A e B jogam a R$ 2,50 a partida. Antes de iniciarem o jogo, A possuía R$ 66,00 e B R$ 29,00. Depois do jogo A possuía o quádruplo do que possuía B. Quantas partidas A ganhou mais do que B?

) Um Regimento de Infantaria iniciou uma marcha a pé. Após algum tempo havia percorrido $\frac{4}{5}$ do percurso. O resto a percorrer é igual a $\frac{1}{3}$ do percurso, menos $6\frac{1}{4}$ km. Qual é o percurso?

) Duas cidades A e B distam de 200 km. Às 8 horas parte de A para B um trem com a velocidade de 30 km/h e duas horas mais tarde, parte de B para A um outro trem com a velocidade de 40 km/h. A que distância de A, dar-se-á o encontro entre os dois trens?

) Um mensageiro vai de A até B de bicicleta, com a velocidade de 10 km/h e volta de B a A a pé, fazendo 4 km/h. Calcule a distância AB, sabendo-se que o tempo total de ida e volta foi de 7 horas.

) Um automóvel vai da cidade A à cidade B em 6 horas e 30 minutos. Aumentando a velocidade em 10 km/h, gastará apenas 5 horas e 25 minutos. Calcular em km a distância entre as duas cidades.

---

184 Resolver:

) Eu tenho o dobro da idade que tu tinhas quando eu tinha a idade que te tens. Quando tiveres a idade que eu tenho, a soma de nossas idades será 45 anos. Quantos anos tenho?

) A colocação do algarismo 3 à distância de um número equivaleu a aumentar esse número de 201 unidades. Qual é esse número?

) Dividindo-se um número inteiro P, por um número inteiro S, dá um quociente q e um resto r. Aumentando-se o dividendo P de 18 unidades e o divisor S de 6 unidades, o quociente q e o resto r não se alteram. Achar o quociente.

) Duas pessoas jogam juntas a R$ 10,00 a partida. No início do jogo a 1ª tinha R$ 420,00 e a 2ª R$ 240,00. Ao cabo de certo número de partidas, a 1ª verificou que possuía o equivalente ao quintúplo do que resta à 2ª. Quantas partidas a 1ª ganhou mais que a 2ª?

) Dois atiradores fazem tiro ao alvo, combinando que um receberá R$ 0,50 do outro cada vez que acerta a alvo. Ao começar, o 1º tinha R$ 10,50 e o 2º R$ 5,50 mas ao terminar a série de tiros o 2º tinha mais R$ 2,00 que o outro. Quantos tiros o 2º acertou mais que o outro?

---

esp: **176** a) 36 pássaros b) 300 saltos c) 25 crianças **177** a) – 2 ou 3 b) – 2 ou 6 c) – 12, – 11, – 10 ou 10, 11, 12 d) 8 e 12 e) 4 e 14 **178** a) 12 ou – 7 b) 11,13,15 ou – 15, – 13, – 11 c) 12 dias d) 20 km/h e) 9 **179** a) 31 b) 24 **180** a) 24 e 21 anos b) 35 e 10 anos c) 37 d) $\frac{5}{6}$ e $-\frac{1}{6}$ e) $\frac{3}{5}$

VII EQUAÇÕES LITERAIS

Uma equação do 1º grau em uma determinada variável, **x** por exemplo, onde alguns coeficientes são letras, a, b, ... por exemplo, são chamadas **equações literais** do 1º grau.

Para a sentença $ax = b$, de acordo com os valores dos parâmentros a e b, temos três situações. Sendo $U = \mathbb{R}$= conjunto dos números reais,

temos:

1º caso: $a \neq 0$

$$ax = b\,,\ a \neq 0 \Rightarrow x = \frac{b}{a} \Rightarrow V = \left\{\frac{b}{a}\right\}$$

Quando $a \neq 0$, existe um único valor de x, que é $\frac{b}{a}$, que torna a senteça verdadeira.

2º caso: $a = 0$ e $b = 0$

$$ax = b \Rightarrow 0x = 0 \Rightarrow V = \mathbb{R}$$

Quando $a = b = 0$, qualquer valor de x torna a senteça verdadeira.

3º caso: $a = 0$ e $b \neq 0$

$$ax = b \Rightarrow 0x = b,\ b \neq 0 \Rightarrow V = \varnothing$$

Quando $a = 0$ e $b \neq 0$**, não existe** valor de x que torna a sentença verdadeira.

Exemplos: Resolver, discutindo segundo os parâmetros dados, as seguintes equações na variável x, sendo $U = \mathbb{R}$

1) $(a - 1)\,x = b - 2$

I) $a \neq 1 \Rightarrow x = \dfrac{b-2}{a-1} \Rightarrow V = \left\{\dfrac{b-2}{a-1}\right\}$

II) $a = 1$ e $b = 2 \Rightarrow 0x = 0 \Rightarrow V = \mathbb{R}$

III) $a = 1$ e $b \neq 2 \Rightarrow 0x = b - 2 \neq 0 \Rightarrow V = \varnothing$

2) $(a^2 + a - 2)\,x^2 = a - 1$

$(a + 2)(a - 1)\,x = a - 1$

I) $a - 1 \neq 0,\ a + 2 \neq 0 \Rightarrow a \neq 1,\ a \neq -2 \Rightarrow x = \dfrac{a-1}{(a+2)(a-1)} = \dfrac{1}{a+2} \Rightarrow V = \left\{\dfrac{1}{a+2}\right\}$

II) $a - 1 = 0 \Rightarrow a = 1 \Rightarrow 0x = 0 \Rightarrow V = \mathbb{R}$

III) $a + 2 = 0 \Rightarrow a = -2 \Rightarrow 0x = -2 - 1 \neq 0 \Rightarrow V = \varnothing$

3) $(a - 1)\,x = (a - 1)(a + 2)$

I) $a - 1 = 0 \Rightarrow 0x = 0 \Rightarrow V = \mathbb{R}$

II) $a - 1 \neq 0 \Rightarrow x = a + 2 \Rightarrow V = \{a + 2\}$

185 Em cada caso é dada uma sentença do tipo **ax = b**. Responder com (único), (infinitos) ou (nenhum) conforme, respectivamente, existir um único, infinitos ou nenhum valor de x que torne a sentença ax = b verdadeira.

a) $7x = 5$ ( )	b) $2x = 0$ ( )	c) $0x = 0$ ( )
d) $-x = 2$ ( )	e) $0x = 7$ ( )	f) $0x = -2$ ( )
g) $\frac{2}{3}x = 0$ ( )	h) $0x = 2 - 2$ ( )	i) $0x = \frac{2}{3}$ ( )
j) $(a - a)x = 0$ ( )	k) $(2 - 3)x = 0$ ( )	l) $(2 - 2)x = 1 - 2$ ( )

186 Em cada caso é dada uma equação na variável x, sendo $U = \mathbb{Q}$, o conjunto universo dado, determinar o conjunto solução para os particulares valores dados para os parâmetros. Olhar o item a

a) $(a - 3)x = a + 2$

I) $a = 5 \Rightarrow 2x = 7 \Rightarrow x = \frac{7}{2} \Rightarrow S = \left\{\frac{7}{2}\right\}$

II) $a = -2 \Rightarrow -5x = 0 \Rightarrow x = 0 \Rightarrow S = \{0\}$

III) $a = 3 \Rightarrow 0x = 5 \Rightarrow x = 0 \Rightarrow S = \varnothing$

b) $(a - 4)x = a + 2$

I) $a = -6 \Rightarrow$

II) $a = -2 \Rightarrow$

III) $a = 4 \Rightarrow$

c) $(a - 2)x = (a + 3)(a - 2)$

I) $a = 5 \Rightarrow$

II) $a = -3 \Rightarrow$

III) $a = 2 \Rightarrow$

d) $(a - 3)(a - 5)x = a - 2$

I) $a = 6 \Rightarrow$

II) $a = 2 \Rightarrow$

III) $a = 3 \Rightarrow$

IV) $a = 5 \Rightarrow$

Resp: **181** a) 30 min. b) 4 h30min. c) 200 km d) 450 m e) 5 km/h f) 12 km/h

182 a) 37,5 min, 25 min. b) 96 c) João: 24 e Pedro: 15 d) 9 m/s, 3 m/s **183** a) 4 b) 46,875 km c) 120 km d) 20 km e) 325 km **184** a) 20 b) 22 c) 3 d) 13 e) 7

187 Considerando $U = \mathbb{Q}$, determinar o conjunto verdade da equação dada na variável x, no casos:

a) $(a - 7)(a + 2)x = a + 2$

I) $a = 8 \Rightarrow$

II) $a = 10 \Rightarrow$

III) $a = 7 \Rightarrow$

IV) $a = -2 \Rightarrow$

---

b) $(a + 5)(a - 5)x = a + 5$

I) $a = 8 \Rightarrow$

II) $a = -5 \Rightarrow$

III) $a = 5 \Rightarrow$

---

c) $(a - 4)x = (a + 4)(a - 4)$

I) $a = 10 \Rightarrow$

II) $a = -4 \Rightarrow$

III) $a = 4 \Rightarrow$

IV) $a \neq 4 \Rightarrow$

---

d) $(a - 6)(a - 5)x = a - 6$

I) $a = 6 \Rightarrow$

II) $a = 5 \Rightarrow$

III) $a \neq 6$ e $a \neq 5 \Rightarrow$

---

e) $(a + 7)(a - 7)x = a + 7$

I) $a = -7 \Rightarrow$

II) $a = 7 \Rightarrow$

III) $a \neq -7$ e $a \neq 7 \Rightarrow$

188 Considerando $U = \mathbb{Q}$, determinar o conjunto verdade da equação dada na variável x, nos casos:

a) $(a - b)\,x = (a + b)\,(a - b)$

I) $a = b \Rightarrow$

II) $a \neq b \Rightarrow$

---

b) $(a + b)(a - b)\,x = (a - b)$

I) $a = b \Rightarrow$

II) $a = -b \neq 0 \Rightarrow$

III) $a \neq -b$ e $a \neq b \Rightarrow$

---

c) $(m + n)\,x = (m + n)(m - n)$

I) $m = -n \Rightarrow$

II) $m \neq -n \Rightarrow$

---

d) $(a - 2)(a - 3)\,x = (a - 2)(a - 3)$

I) $a = 2$ ou $a = 3 \Rightarrow$

II) $a \neq 2$ e $a \neq 3 \Rightarrow$

---

e) $(a - b)(a + b)\,x = (a - b)(a + b)$

I) $a = b$ ou $a = -b \Rightarrow$

II) $a \neq b$ e $a \neq -b \Rightarrow$

---

f) $(a - m)(a - n)\,x = a - m$

I) $a = m \Rightarrow$

II) $a = n \neq m \Rightarrow$

III) $a \neq m,\ a \neq n \Rightarrow$

Resp: **185** a) Único b) Único c) Infinitos d) Único e) Nenhum f) Nenhum g) Único h) Infinitos i) Nenhum j) Infinitos k) Único l) Nenhum **186** a) I $\left\{\frac{7}{2}\right\}$; II {0}; III $\varnothing$ b) I $\left\{\frac{2}{5}\right\}$; II {0}; III $\varnothing$ c) {8}; {0}; III $\mathbb{Q}$ d) I $\left\{\frac{4}{3}\right\}$; II {0}; III $\varnothing$; IV $\varnothing$;

189 Considerando $U = \mathbb{Q}$, determinar o conjunto verdade da equação dada na variável x, no
casos:

a) $(a^2 - 4)x = a^2 + 4a + 4$

I) $a = -2 \Rightarrow$

II) $a = 2 \Rightarrow$

III) $a \neq -2$ e $a \neq 2 \Rightarrow$

---

b) $(a^2 + 4a - 21)x = a^2 - 9$

I) $a \neq -7$ e $a \neq 3 \Rightarrow$

II) $a = 3 \Rightarrow$

III) $a = -7 \Rightarrow$

---

c) $(a^2 - 3a - 10)x = a^2 - 7a + 10$

I) $a \neq 5$ e $a \neq -2 \Rightarrow$

II) $a = -2 \Rightarrow$

III) $a = 5 \Rightarrow$

---

d) $(4n^2 - 9)x = 4n^2 - 12n + 9$

I) $n \neq -\frac{3}{2}$ e $n \neq \frac{3}{2} \Rightarrow$

II) $n = \frac{3}{2} \Rightarrow$

III) $n = -\frac{3}{2} \Rightarrow$

---

e) $(m^2 - 9m + 20)x = m^2 + m - 20$

I) $m \neq 4$ e $m \neq 5$

II) $m = 4 \Rightarrow$

III) $m = 5 \Rightarrow$

190 Escrever na forma $\alpha x = \beta$, com membros fatorados se possível, as seguintes equações.

a) $4x - 8 = 2ax - 12a$

$-2ax + 4x = -12a + 8$

$ax - 2x = 6a - 4$

$(a - 2)x = 2(3a - 2)$

b) $ax - 7 = a + 5x$

c) $5a + 7x = bx - 10$

d) $a(3ax - 7) = 3(ax + 7)$

e) $a^2(x - 1) + a(x + 4) = 2(3x + 2)$

f) $a^3(1 - x) - 3a(a - 3) - 1 = 3a(x + 3) - x - 3a^2(x + 1)$

g) $\dfrac{2x - a}{a - 3} = \dfrac{3x + a}{a - 2}$

Resp: **187** a) I $\{1\}$; II $\left\{\frac{1}{3}\right\}$; III $\varnothing$; IV $\mathbb{Q}$ b) I $\left\{\frac{1}{3}\right\}$; II $\mathbb{Q}$; III $\varnothing$ c) I $\{14\}$; II $\{0\}$; III $\mathbb{Q}$; IV $\{a + 4\}$ d) I $\mathbb{Q}$; II $\varnothing$; III $\left\{\frac{1}{a - 5}\right\}$
e) I $\mathbb{Q}$; II $\varnothing$; III $\left\{\frac{1}{a + 7}\right\}$ **188** a) I $\mathbb{Q}$; II $\{a + b\}$ b) I $\mathbb{Q}$; II $\varnothing$; III $\left\{\frac{1}{a + b}\right\}$ c) I $\mathbb{Q}$; II $\{m - n\}$ d) I $\mathbb{Q}$; II $\{1\}$
e) I $\mathbb{Q}$; II $\{1\}$ f) I $\mathbb{Q}$; II $\varnothing$; III $\left\{\frac{1}{a - n}\right\}$

191 Resolver em $U = \mathbb{R}$, discutindo segundo os parâmetros, a equação na variável x, nos casos

a) $mx = n$

b) $(a - 1)x = b$

c) $(a + 1)(a - 1)x = a + 1$

d) $3a(a - 5)x = a - 5$

e) $(a - 3)(a + 2)(a - 4)x = (a + 2)(a - 4)$

192 Resolver, discutindo segundo os parâmetros, em $U = \mathbb{Q}$, as seguinte equação na variável x, nos casos

a) $(a^2 + 8a)\, x = a$

---

b) $(a^2 + 2a - 24)x = a^2 - 3a - 4$

---

c) $(n^2 - 4n + 4)x = n^3 - 6n^2 + 12n - 8$

---

d) $(n^3 + 9n^2 + 27n + 27)\, x = n^3 + 27$

---

e) $(n^2 + 2n - 15)x = n^2 - 9$

Resp: **189** a) I $\mathbb{Q}$; II $\varnothing$; III $\left\{\frac{a+2}{a-2}\right\}$ b) I $\left\{\frac{a+3}{a+7}\right\}$; II $\mathbb{Q}$; III $\varnothing$ c) I $\left\{\frac{a-2}{a+2}\right\}$; II $\varnothing$; III $\mathbb{Q}$ d) I $\left\{\frac{2n-3}{2n+3}\right\}$; II $\mathbb{Q}$; III $\varnothing$ e) I $\left\{\frac{m+5}{m-5}\right\}$; II $\mathbb{Q}$; III $\varnothing$

190 a) $(a - 2)x = 2(3a - 2)$ b) $(a - 5)x = a - 7$ c) $(b - 7)x = 5(a + 2)$ d) $3a\,(a - 3)x = 7(a + 3)$ e) $(a + 3)(a - 2)x = (a - 2)^2$
f) $(a - 1)^3x = (a - 1)(a^2 + a + 1)$ g) $(a - 5)\,x = a\,(5 - 2a)$

193 Resolver em $\mathbb{R}$, discutindo segundo os parâmetros, a equação na variável x, nos casos

a) $ax + 3 = 3(a + x)$

b) $n^2(x - 1) = 2(8x - 5) - 3n(2x - 1)$

c) $9n(2 - 9x) = n^2(3 - nx) - 81$

d) $a^2(ax - 1) - a(2ax + 1) = 3(3ax - 2) - 18x$

194 Resolver, sem discutir, a equação na variável x, nos casos:

a) $ax - 2a = bx + 2b$

b) $a(x - a) = 2(x - 3) + a$

c) $\dfrac{ax - b}{a + b} + \dfrac{bx + a}{a - b} = \dfrac{(ab + 1)(a^2 + b^2)}{a^2 - b^2}$

d) $\dfrac{6b + 7a}{6b} - \dfrac{3ax}{2b^2} = 1 - \dfrac{ax}{b^2 - ab}$

Resp: **191** a) I $m \neq 0$; $V = \left\{\dfrac{n}{m}\right\}$; II $m = 0$ e $n = 0$; $V = \mathbb{R}$; III $m = 0$ e $n \neq 0$; $V = \varnothing$; b) I $a \neq 1$; $V = \left\{\dfrac{b}{a-1}\right\}$; II $a = 1$ e $b = 0$; $V = \mathbb{R}$; III $a = 1$ e $b \neq 0$; $V = \varnothing$; c) I $a \neq -1$ e $a \neq 1$; $V = \left\{\dfrac{1}{a-1}\right\}$ II $a = -1$; $V = \mathbb{R}$; III $a = 1$; $V = \varnothing$ d) I $a \neq 0$ e $a \neq 5$; $V = \left\{\dfrac{1}{3a}\right\}$; II $a = 5$; $V = \mathbb{R}$; III $a = 0$; $V = \varnothing$; e) I $a \neq 3$, $a \neq -2$ e $a \neq 4$; $V = \left\{\dfrac{1}{a-3}\right\}$ II $a = -2$ ou $a = 4$; $V = \mathbb{R}$; III $a = 3$; $V = \varnothing$ **192** a) I $a \neq 0$ e $a \neq -8$; $V = \left\{\dfrac{1}{a+8}\right\}$; II $a = 0$; $V = \mathbb{Q}$; III $a = -8$; $V = \varnothing$; b) I $a \neq -6$ e $a \neq 4$; $V = \left\{\dfrac{a+1}{a+6}\right\}$; II $a = 4$; $V = \mathbb{Q}$; III $a = -6$; $V = \varnothing$ c) I $n \neq 2$; $V = \{n - 2\}$; II $n = 2$; $V = \mathbb{Q}$ d) I $n \neq -3 \Rightarrow V = \left\{\dfrac{n^2 - 3n + 9}{n^2 + 6n + 9}\right\}$; II $n = -3 \Rightarrow V = \mathbb{Q}$ e) I $n \neq -5$ e $n \neq 3$; $V = \left\{\dfrac{n+3}{n+5}\right\}$; II $n = 3$; $V = \mathbb{Q}$; III $n = -5$; $V = \varnothing$;

195 Admitindo que os parâmetros assumem apenas valores para os quais a equação admite uma única raiz, resolver (sem discutir) a equação, nos casos:

a) $\dfrac{a(b^2+x^2)}{bx} = \dfrac{ax}{b} + ac$

b) $\dfrac{x+a}{b} - \dfrac{x-b}{a} = 2$

c) $\dfrac{x-a}{2} - \dfrac{x^2-2bx+b^2}{2x-a} = \dfrac{14b^2-8a^2}{4x-2a}$

d) $\dfrac{2x-2a}{3x-b} = \dfrac{2x+a}{3x-3b} - \dfrac{11ab+8b^2}{3b^2-12bx+9x^2}$

196 Admitindo que os parâmetros assumem apenas valores para os quais a equação admite uma única raiz, resolver (sem discutir) a equação, nos casos:

a) $\dfrac{2x+a}{x-2a} - \dfrac{x-3a}{x+4a} = \dfrac{x^2+7x+26a^2-7}{x^2+2ax-8a^2}$

---

b) $\dfrac{2x-3a}{x} - \dfrac{3x-2a}{2x-2a} = \dfrac{x^2-10a^2-4(x-2a)}{2x^2-2ax}$

---

c) $\dfrac{2m+x}{2n-x} - \dfrac{2m-x}{2n+x} = \dfrac{4mn}{4n^2-x^2}$; $mmc = (2n+x)(2n-x), D = \mathbb{R} - \{\pm 2n\}$

Resp: **193** a) I $a \neq 3$; $V = \left\{\dfrac{3(a-1)}{a-3}\right\}$; II $a = 3$; $V = \varnothing$ b) I $n \neq -8$ e $n \neq 2$; $V = \left\{\dfrac{n+5}{n+8}\right\}$; II $n = 2$; $V = \mathbb{R}$; III $n = -8$; $V = \varnothing$

c) I $n \neq 0$, $n \neq 9$, $n \neq -9$; $V = \left\{\dfrac{3(n+3)}{n(n+9)}\right\}$; II $n = 9$; $V = \mathbb{R}$; III $n = 0$ ou $n = -9$; $V = \varnothing$;

d) I $a \neq 2$, $a \neq -3$, $a \neq 3$; $V = \left\{\dfrac{1}{a-3}\right\}$; II $a = 2$ ou $a = -3$; $V = \mathbb{R}$; III $a = 3$; $V = \varnothing$; **194** a) $\left\{\dfrac{2a+2b}{a-b}\right\}$ b) $\{a+3\}$ c) $\{ab\}$

d) $\left\{\dfrac{7b(a-b)}{3(3a-b)}\right\}$ **195** a) $\left\{\dfrac{b}{c}\right\}$ b) $\{b-a\}$ c) $\{3a+4b\}$ d) $\{2b\}$ **196** a) $\{2a+1\}$ b) $\{2a\}$ c) $\left\{\dfrac{mn}{m+n}\right\}$

Impressão e Acabamento
Bartira
Gráfica
(011) 4393-2911